超级AI与未来教育

李骏翼　张义宝　于进勇　杨　丹　徐远重　著

中国出版集团
中译出版社

图书在版编目（CIP）数据

超级 AI 与未来教育 / 李骏翼等著 . -- 北京 : 中译出版社 , 2023.9（2025.2 重印）

ISBN 978-7-5001-7494-3

Ⅰ . ①超… Ⅱ . ①李… Ⅲ . ①人工智能—关系—教育—中国 Ⅳ . ① TP18 ② G52

中国国家版本馆 CIP 数据核字（2023）第 151494 号

超级 AI 与未来教育
CHAOJI AI YU WEILAI JIAOYU

出版发行：中译出版社
地　　址：北京市西城区新街口外大街 28 号 102 号楼 4 层
电　　话：（010）68003527
邮　　编：100088
电子邮箱：book@ctph.com.cn
网　　址：http://www.ctph.com.cn

策划编辑：于　宇
特约策划：徐远龙
责任编辑：张　旭　于　宇
文字编辑：田玉肖
特约编辑：李彦德　李丽娜　张一佳
营销编辑：马　萱　钟筏童
封面设计：仙　境
排　　版：聚贤阁

印　　刷：北京盛通印刷股份有限公司
经　　销：新华书店
规　　格：710 mm × 1000 mm　1/16
印　　张：22.25
字　　数：240 千字
版　　次：2023 年 9 月第 1 版
印　　次：2025 年 2 月第 3 次

ISBN 978-7-5001-7494-3　　　　定价：79.00 元

推荐序

提问的意义

每年6—7月份，都是升学考试扎堆的日子。对诸多学子和考生家长来说，暑热难当下，焦灼等待中又会平添几分“学什么专业”“报什么方向”的困惑。

这本书当然不是一本“报考指南”式的工具书，也不是一本缜思密论的学术著作，它只是提问。30个问题构想和串联了超级AI大背景下教育、学习的多种可能，撒下关于未来教育的思考之网。

过去30年来，从托夫勒的“第三次浪潮”到尼葛洛庞帝的“数字化生存”，从电子课堂、电化教育到中国大学MOOC（慕课）、翻转课堂，从美国奇点大学、密涅瓦大学到神经教育学，终身学习、教育革命、认知重启等一系列理念，伴随着高科技的喧嚣呼啸而至。

过去3年，又一波巨浪袭来，这一次是“生成式人工智能”，是ChatGPT，是大模型。

生成式人工智能，在国内更多被称为AIGC（人工智能创造内容）。惊人的算力、惊艳的表现、碾压式的创新，让人们不由得惊呼：未来可能已经不属于我们？

智能工具已经进化到如此地步，不但可以轻松写作、绘画、创作音乐、生成视频，还可以提供医疗诊断建议、编撰各种公文报告、回答各种稀奇古怪的问题，更可以编写代码、优化流程、提炼专业论文、学习专业技巧。一时间，一种拥有超级智能的工具似乎从天而降，稳稳地应用在了会议室里、办公桌旁。

寒窗苦读、皓首穷经的曾经，似乎一去不返。

羽扇纶巾、谈笑风生的时代，似乎不独属于人类。

棋琴书画、纵横捭阖的日子，彷佛多了一个强劲的对手，或者助手。

人类引以为傲的感觉、经验、知识和智慧，从此将被完全改写，因为这已经不能为人所独享、独有、独创。

在这股汹涌浪潮之下，学习意味着什么？教育又意味着什么？

作者的思考，虽然是碎片化的，但他敏锐的直觉，聚焦到了这样一个词：提问。

著名教育家陶行知有一首小诗："发明千千万，起点是一问。禽兽不如人，过在不会问。智者问得巧，愚者问得笨。人力胜天工，只在每事问。"幼儿咿呀学语之时，便有诸多稚问：鸟儿为何会飞？电灯缘何会亮？人影为何会动？白天星星去哪里了？

问题与回答，可谓伴随人之一生。

然而，不知何时，提问渐渐被窄化为这样一种能力：渴求答案，甚至是标准答案。

孩子们的大脑渐渐被这种认知模式所固化：认为所有的提问，

背后必定指向一个确切的答案，这个答案不是夹在老师的书里，就是藏在图书馆的某个角落。

在这样的认知模式下，学习、教育旋即成为寻求确定性答案的标准化训练。教育对心灵的假设，旋即成为确定性的寻求。“确定性的寻求”，是1929年美国哲学家、教育家杜威一次演讲的题目。在他看来，对确定性的迷恋铸就了今天人们认知世界的心智基础。寒来暑往、斗转星移，自然界的一切似乎都蕴含着确定性；山川河流、天地万物，人所赖以生存的环境，与气象万千的文化相得益彰，但“定数崇拜”的根子一旦种下，对确定性的渴求，就成为一股埋藏很深的心智力量。

对ChatGPT的恐慌，根源恐怕正在这里。

习惯了有问题必有答案的状况，便执拗于答案之对错，答案之有无。人们似乎天生喜欢正确的答案，排斥错误的答案。学习的过程，就是积累正确答案的过程，就是不断确证所知正确的过程。这个过程就是“死读书、读死书”的典范，人成为行走的两脚书橱。

人工智能给出的警示，在于“知道”和“知识”之间的差异。20多年前，小说家王朔发明了“知道分子”一词。在王朔看来，知识分子原本是富于精神创造的人，但沉湎于标准答案的“知道分子”则不然，他们只是比别人多知道一些，可以随口背出大段大段的名言金句、生卒年月、著作摘引，看上去无所不知、无所不晓。但“知道分子”最大的问题在于，他们无法产生洞见。

桐城派学问家姚鼐在200多年前就指出，所谓学问是“义理、考据、辞章”三位一体，义理为主干，考据、辞章只是佐证和支撑。以这个标准来衡量，今天的GPT虽然能力超群，但某种意义上依然停留在博闻强记、典据辞章的层次，属于“知道分子”的水平。通过巨量数据、语料库的训练，大模型似乎以超乎想象的方式，将人类已经生产的知识“一网打尽”，并在巨量文本素材的无限组合中，“创造”及“生成”全新的内容，打开巨大的想象空间。但这些能力依然是存量知识的排列组合。

但是，这一特征同时也是GPT的超凡之处。即便在“知道”的水平，人工智能大模型也已经进入出神入化的境地。有限资料的无限组合，打开了万千可能性的窗口。庄子云：“吾生也有涯，而知也无涯。以有涯随无涯，殆已！”以有限之肉身，去追逐无穷之知识，真的是疲惫不堪啊！古人对此等窘境似乎无解，但今天AI带来了超越这一矛盾的精妙之道——提问。有人说，一切答案都在大模型的肚子里，只是缺少一个好的问题。

GPT/大模型改变了人们对提问的看法。

提问不再是对某个尚未知晓的确定性答案的寻求，也不是由于记忆、专业细分、能力限制对知识覆盖面的弥补，提问是对想象力的考验。

GPT看上去可以回答任何问题，可以来者不拒、娓娓道来，也可以一本正经地胡说八道。但如果提问的动机依然是求标准答案的话，这其实折射出对学习、教育认知的自我设限。

本书所提的30个问题中，很多是对生活中困惑的直抒胸臆，比如“学什么才不会被AI淘汰？”“未来最好的就业方向有哪些？”“教育更公平，还是更加两极分化？”

这些现实的焦虑背后，是对超级AI时代教育发展前景的思考。AI是否可能具备自我意识？数字人是否可能具备人格，甚至碳基生命和硅基生命，将来谁是世界的主宰？

这些深层次思考，进一步触发这样的问题：在注定要与智能机器共存的大未来中，应当如何重新理解人？重新理解知识、教育、文化？

没有确定的答案，唯有不断地提问。

提问，是思想的酵素。

段永朝

北京苇草智酷创始合伙人

信息社会50人论坛执行主席

前　言

超级 AI 到来，您准备好了吗？

两个人正在森林里漫步，突然，远处出现了一只凶猛的野兽。其中一人立刻蹲下来系鞋带，而另一人则疑惑地询问他："就算你系好鞋带，也跑不过那只野兽啊？"蹲下的人系好鞋带后站起来，回答说："我跑不过它，但只要跑得比你快就可以了！"说完，便快速飞奔起来。

在这个经典的小寓言中，系鞋带的人无疑更有智慧。然而，我们不应被这个故事束缚了思考。我们常常将洪水和猛兽并列，假设面临的是洪水呢？面对洪水，我们仍然需要快速逃生，但这时候是否比别人跑得快就不再重要了。

我们还可以继续修改故事，如果遇到的是一颗价值连城的宝石呢？或者是我们漂泊万里、苦苦寻找的新大陆呢？

让我们来一个终极版本，假设遇到了一种极为特别的新事物——**它既像猛兽一样威胁着个人的安全，又像洪水一样能破坏很多人的财产甚至危及性命；它既像宝石一样可以让人一夜致富，又像新大陆一样承载着无数人的希望和梦想。**

没错，我所说的这个新事物就是"超级 AI"。它已经来到我们面前。

面对这个善恶同体、利害共存的新事物，您准备如何应对呢？难道只是疑惑地站在原地，淡定而固执地说：“没事儿，没事儿，我能以不变应万变！”

作为家长或者老师，您打算怎么指导孩子或学生呢？难道只是用双手遮住他们的眼睛，再安慰他们：“没事儿，没事儿，一切都会过去的……”

家长与孩子，老师与学生，现在与未来

真的没事儿吗？绝对有大事啊！

我们都深深地感受到“超级 AI”已经开始引发全社会的剧变。专家们尝试在人类历史中寻找与其相似的里程碑事件，从“iPhone 的问世”到“互联网的出现、原子弹的爆炸、电力的发明、大航海时代的开启、印刷术的普及”，甚至也有人将 AI 与“创造文字”相提并论！

现代的家长都见过世面，对互联网科技有着深刻的理解。然而，面对 AI 流畅的回答，很多人依然感到困惑：AI 是如何做到的呢？这其实并不奇怪，因为就连那些 AI 开发者，也同样感到困惑，他们发明了许多术语，却依然无法清楚地解释新一代 AI 为何如此强大。

如今的教师大多都有专业背景，但却受到了一个聊天工具的挑战，甚至面临被替代的风险。绝对不能服气啊！然而，当 AI 征服一项又一项考试，我们必须保持人间清醒。学富五车，是对优

秀老师的高度赞誉，学富五万车，那只是成为一个 AI 的基础门槛。

当前的 AI 确实还不够成熟，但我们都清楚，它不仅聪明，而且极度努力，每分每秒都在迭代进化。**面对汹涌而来的超级 AI 浪潮，我们这些家长和老师，已经深感困惑，未来似乎已经不属于我们，再想到我们的孩子和学生，就更加焦虑不安，未来会属于他们吗？**

AI 到底是什么？为何如此强大？我们还需要学习吗？学什么最有用？我们的社交技能会退化吗？怎样才能不迷茫？孩子的作业还要管吗？刷题还有意义吗？安全和隐私怎么保障？学生还要学英语和绘画吗？未来高考会怎样变革？大学生还要写论文吗？未来什么职业最好？我们的基础教育还有优势吗？如何提升科学素养？如何成为拔尖创新人才？全球竞争会何去何从？人类还有未来吗……

没事儿，没事儿，面对这些难题，我们一个个讨论！

AI 与真人，共话未来教育

既然 AI 已经展现出了令人惊叹的智能，我们便邀请了国内外知名的 AI 们，与我们这些作者共同探讨。“AI 的回答”与“真人的思考”，以相近的篇幅并列呈现，希望读者们通过对照阅读，获得更丰富的感受。

没有标准答案！没有正确答案！没有清晰答案！不仅本书作者之间的讨论充满争议，而且我们与 AI 的交流也并非“一问一答”那么简单，过程中遇到了各种意想不到的状况。

进行跨界教育研究，我们首先不是感慨 AI 有多强大，而是敬畏教育有多复杂！就像我们无法在二维平面上完整地描述三维物体，我们也无法仅仅通过几十个问答，就对未来教育给出系统的预判。选择必然会出现遗漏，回答必然会存在片面性，我们牺牲完整性和严谨性，只是希望每一段文字都能像一张照片，描绘出未来教育的某个场景，带给您一些有趣的启发。

有了 AI 的参与，写作会变得轻松吗？事实上，恰恰相反，反而更加困难！我们深刻感受到 AI 的强大，很多回答都超越了我们的认知边界，甚至可以成为学习资料。最初我们设想会和 AI 进行辩论，以展示人类对教育的深刻理解，但很快我们就改变了策略：**让 AI 带您走大路，快速拆解问题、给出回应，我们带您走小路，边讲故事边看风景，殊途同归，互为补充，各美其美，美美与共。**

这本书并不是问答词典，无法做到面面俱到。我们知道，AI 也知道，无论是直接回答还是侧面启发，最终目的都是为您提供素材，**加深您对人工智能的理解，激发您对未来教育的想象。本书亦是《元宇宙教育》的姊妹篇，内在关联，互为支撑，共同面向“未来教育”这个核心主题。**

提问与回答，我们挂一漏万；阅读和理解，您能触类旁通。站在未来，回望现在，洞察现实的种种教育问题，无论宏观还是微观，都能知行合一，步步为营！

问以致学，学以致用，用以致问

无论是孔子、苏格拉底，还是近现代的教育家，通常都非常强调“提问”的重要性。然而，在当前教育生态中，大多数教师更倾向于鼓励学生认真听讲、做好笔记、刷题练习、考试取得高分，却没有为学生的提问留出足够的时间和精力。

对于我们家长而言，这个问题更为尖锐。在孩子五六岁之前，我们或许还能应对，但到了小学阶段之后，孩子提出的问题，大部分家长都无法有效回答。在一次次的回避甚至斥责之后，孩子们逐渐学会了规矩，他们不敢提问、不愿提问，最终甚至不会提问。

超级 AI 正在强有力地改变我们的习惯，“提问”将成为每个人的基础技能。市场上甚至已经出现“提问工程师”这种新职业，研究高效提问策略，帮助人们更充分地挖掘 AI 的潜力，获得高质量的内容。

本书共选择了 30 个问题，无论是“AI 的回答”，还是“真人的思考”，我们的目标都不是找到绝佳答案，并为问题画上圆满的句号。相反，我们希望通过创新模型和跨界链接，帮助您拓展思维的边界。我们在每节内容的末尾都设置了“问学实践”小板块，抛砖引玉，期待您提出更多、更好的问题！

“问以致学，学以致用，用以致问”，构成了一个完整的循环。传统教育常常只着重于“学以致用”，但在未来的教育理念中，我们将更多地从提问出发，经历学习和实践，最终能够提出新问题，这才算是完整的教育过程。没有“问学”，哪来“学问”？无论真学问、大学问，首先都要“学会提问”！

本书的联合作者之一，北京市润丰学校的张义宝校长，很早之前就提出“让问学成为课堂目的，让求知成为课堂手段”的理念，“问学”模式已经成为润丰学校的新景观、新风尚。另一位联合作者，元宇宙教育实验室的秘书长于进勇博士，主持了近百场教育科技主题活动，通过“问学”促进跨界交流与合作实践。

我们要敢于面向未来提出关键议题！中关村互联网教育创新中心主任杨丹女士和元宇宙三十人论坛发起人徐远重先生，也都是本书的联合作者，他们站在时代最前沿，大声提问并积极实践，切实推动中国教育的数字化发展。

最后的倔强，诚挚的感谢

倔强？没错，就是这种感觉。

在本书“AI 的回答”部分，我们尽可能保留 AI 的原始输出，偶尔会进行少量的修订或格式调整。而“真人的思考”部分，所有内容都完全来自作者的构思与表达。面对强大的 AI，我们希望保持这份“最后的倔强”。从键盘到屏幕，每个字符都伴随着清脆的敲击声！然而，我们必须承认，在创作过程中，即便没有直接引用，我们也从 AI 那里获得了许多帮助和启发，这份功劳该怎么算呢？

感谢 ChatGPT/GPT-3.5、GPT-4、Claude、百度文心一言、讯飞星火认知大模型、Midjourney 等超级 AI 们。与它们的交流互动非常顺畅，它们的智慧为我们带来丰富的启发。我们深信，AI 将为中国乃至全球未来教育发展做出积极贡献。

回到现实，我们更要感谢身边每一位尊敬的老师和真诚的朋友。诚挚地感谢著名教育家、中国教育学会名誉会长顾明远教授的深切关怀，感谢中国教育三十人论坛马国川秘书长的长期鼓励，感谢中译出版社乔卫兵社长、李学焦总经理的深度支持，感谢苇草智库创始合伙人段永朝老师、原北京开放大学副校长张铁道教授、清华大学李睦教授、北京师范大学项华教授、北京一土学校联合创始人申华章校长等老师给予的启发和帮助。

诚挚地感谢青年思想家李春光先生，他提出的“生命契约”及“三种元力”等概念在本书中贯穿始终。感谢清华美院社会美育研究所的高登科、王冲、邓超等老师，元宇宙三十人论坛秘书长徐远龙先生，北大青鸟研究院院长肖睿老师，陶行知教育基金会薛同欣老师，基因俱乐部及 GPT 同修小组的钟勇、罗飞、周宝、朱天博、杜小强、晟航、张小雪、黄安付、段世宁等伙伴，他们同样为本书的创作给予了大力支持。宝贝计划创始人杨帅老师和桃风羽涵创始人陈梦姣老师更是带着学生为本书创作了富有童趣的插图，把孩子们的画与 AI 作品放在一起，别有一番韵味。

诚挚地感谢中译出版社于宇、张旭等多位老师的支持与协作，再次展示了中译出版社在元宇宙时代的创造力和执行力。显然，在这本书付梓的过程中，超级 AI 还会完成多次迭代，但书中的思考与讨论并不会因此过时，未来教育会照亮我们心中对真、善、美的无尽想象。

最后的倔强，不仅在于内容创作的方式，还在于坚守“以人为本”的信念，坚定“立德树人”的目标，坚持“终身学习”的行动。作为一名家长，我要感恩自己的父母、妻子和两个可爱的孩子；作为教育工作者，我还要感恩身边的老师、同事和学生。我们不是AI，我们是有血有肉的人，好的教育不在数字世界里，就在我们的身边。

信仰、求知与爱，不仅是我们人类与生俱来的元力，也是开拓数字科技、发展未来教育的原力，源源不断、生生不息……

李骏翼

中国教育三十人论坛特约研究员

清华美院社会美育研究所学术委员

元宇宙教育实验室专家委员

目　录

第一章　超级 AI 划时代，怎样才能不焦虑？

第二章　超级 AI 有思维，教育价值在哪里？

第三章　超级 AI 很厉害，未来孩子谁来教？

第四章　超级 AI 会很多，学习什么更重要？

第五章　超级 AI 给赋能，教学效率提多少？

第六章　超级 AI 强影响，教育资源大变局？

第七章　超级 AI 造趋势，未来世界将如何?

第一章

超级 AI 划时代，怎样才能不焦虑？

站在 AI 风口，且看 AI 疯狂！
很多人还没有搞清楚 AI 是什么，
就已经感到焦虑；
很多人还没有触及 AI 工具，
就已经面临失去工作的风险；
很多人还没有学习 AI 技术，
就已经卷入 AI 创业的浪潮！
在讨论教育之前，我们有必要先聚焦 AI 本身。
三个细分主题相互关联，
大致对应着 AI 时代的世界观、价值观和人生观。

第 1 问　理解 AI，如何才能简单又通透？

2022 年 11 月，OpenAI 公司正式发布了 ChatGPT，触发了人工智能的爆炸式发展。有人把 AI 当作新型搜索工具，有人把 AI 视为聊天机器人，甚至还有人把 AI 当作神一样崇拜。

如何精确地理解人工智能？超级 AI 真的来临了吗？面对孩子们的各种问题，家长和老师们想要解释清楚并非易事。深入了解 AI 的发展历史，掌握科技界对 AI 的大体分类，更有利于我们回答这些问题。或许，对孩子们而言，这些解释并不重要，满足他们的好奇心，解除其内在的焦虑感，才是我们探索未来教育的真正动力……

人工智能的三重境界	VS	为何用“超级 AI”这个词？
人工智能发展简史		大，就是不一样！
简单理解 ChatGPT		AI 与人类大脑
AI 快速爆发的原因		这样理解 GPT，或许更通透

AI 的回答

人工智能的三重境界

简单来说，人工智能（Artificial Intelligence，AI）是一种让计算机和软件系统具有类似人类智能的技术。这是一个涵盖多个学科的研究领域，旨在创建能够模拟、实现和扩展人类智能的计算机系统和算法，包括学习、推理、知识表示、计划、自然语言处理、感知和机器人技术等多方面。

科技界通常根据 AI 的能力和复杂性将其分为以下三类：

第一类，弱人工智能（Weak AI）或窄人工智能（Narrow AI）： 指专门为特定任务设计的 AI 系统，在特定领域表现出人类水平的智能，只能执行预先设定的任务，缺乏通用的推理和学习能力。例如，语音识别、图像识别、棋类游戏等，目前大多数 AI 都属于这一类。

第二类，强人工智能（Strong AI）或通用人工智能（Artificial General Intelligence，AGI）： 指具有与人类智能相当的理解、推理和学习能力的 AI 系统，可以在各种任务和领域中表现出人类水平的智能。强 AI 可以理解和表达自身意识，具备自我学习和适应能力。目前，强 AI 仍然是研究目标，尚未实现。

第三类，超级人工智能（Super AI）： 指在所有智力方面均超越人类的 AI 系统，包括创造力、通用知识、情感理解、推理等。这种 AI 系统可以自主进行学习、创新和决策，在各个领域的表现都比人类更优秀。超级 AI 仍处于假设阶段，尚未出现。

人工智能发展简史

第一阶段，初期探索（1950—1970 年）：人工智能刚刚起步，研究方向是符号主义和搜索算法。1950 年，艾伦·图灵[①]提出了著名的“图灵测试”，为人工智能的发展奠定了基础；1956 年，达特茅斯会议首次提出“人工智能”的概念；1959 年，世界上第一个可以下国际象棋的自学习程序出现。

第二阶段，知识表示和专家系统（1970—1980 年）：发展遇到困难，研究兴趣降低，虽然出现了提供知识问答的专家系统，但能力还比较弱。1972 年，出现了首个能够诊断并推荐治疗方案的医学领域专家系统。

第三阶段，机器学习与神经网络（1980—2000 年）：关注基于数据的机器学习方法，包括决策树、支持向量机等，以及早期神经网络模型，反向传播算法为人工智能提供了新的方法和工具。1989 年，首次使用卷积神经网络（Convolutional Neural Networks，CNN）识别手写的数字。

第四阶段，数据驱动与深度学习（2000 年之后）：随着算力的提升和大数据的兴起，2006 年出现深度学习（Deep Learning，DL）概念，开启了人工智能新纪元。2009 年，Google 发布首个大规模语音识别系统。2014 年，AlphaGo 战胜围棋顶级职业选手。2018 年，OpenAI 发布 GPT-2，引领了自然语言处理（Natural

---

① 艾伦·图灵（Alan Turing，1912—1954），英国数学家，计算机科学家，被誉为“人工智能之父”。

Language Processing，NLP）领域的飞速发展。

简单理解 ChatGPT

2022 年 11 月，ChatGPT 正式上线，它被视为 AI 发展史上的里程碑，因为它在自然语言处理领域取得了前所未有的成果，其表现之优越使得人们将其与互联网的出现相提并论。ChatGPT 不仅能够生成高质量文本，还能在各种自然语言任务中展现出惊人的适应性，有潜力彻底改变我们与计算机的交互方式，推动自动化和智能化的应用在各个领域取得突破。

ChatGPT 采用了 GPT（Generative Pre-trained Transformer）架构。采用预训练和微调的方法，使得它可以在大量无标签数据上进行训练，捕捉到丰富的语义和语法信息，在处理自然语言任务时具有很高的准确性和通用性。Transformer 架构使得模型可以更好地捕捉长距离依赖和并行计算。GPT 系列模型包含大量参数，训练数据量也非常庞大，能够生成更为准确和自然的文本，处理各种自然语言任务。

AI 快速爆发的原因

ChatGPT 引来 AI 领域爆发式增长，原因可以归结为以下几点。

1. **大数据**。互联网和移动设备的普及使得全球范围内产生的数据量呈指数级增长，为 AI 算法提供了丰富的训练资源。
2. **算法创新**。从神经网络到深度学习，再到自然语言处理技术，不断有创新的算法和技术应运而生，推动了 AI 技术的快速发展，提高了 AI 在各个应用场景中的性能。

3. **算力提升**。高性能计算硬件为 AI 算法的训练和应用提供了强大的支持。
4. **投资与产业支持**。随着 AI 在各个领域的应用价值日益显现，政府、企业和学术界都加大投入，进一步推动了 AI 技术的发展。
5. **开源文化**。开源社区使得众多技术和工具得以分享，有利于研究者和开发者之间的交流合作，加速了 AI 创新和发展。

尽管 ChatGPT 成就显著，但我们尚未实现通用人工智能乃至超级人工智能的水平。未来超级 AI 需要在理解、推理、学习和适应等方面具有更高的能力，这需要长时间的研究和发展。在这个过程中，我们需要继续关注技术的发展，同时思考如何在道德、伦理和社会层面应对这些挑战。

真人的思考

为何用“超级 AI”这个词？

就当前 AI 的能力而言，让它大张旗鼓地宣传自己火爆全球的原因，似乎有些难为情。吹牛是一种神奇的超能力，大多数人并不擅长。而 AI 是有“吹牛”的资本和底气的，但它倒是很谦逊：“强 AI 尚未实现，超级 AI 仍然只是假设。”虽然我们的理性同意这个观点，但直觉告诉我们，超级 AI 时代的序幕正在缓缓拉开。

曾经只存在于科幻作品中的人工智能，如今已经随处可见。例如搜索优化、刷脸支付、自动导航、商品推荐等，从技术角度看，这些应用在技术上都属于 AI 的范畴。比较有趣的是，一旦某项应用普及，我们就不太愿意称其为“人工智能”了。**在很多人的心中，人工智能的标准在不断提升，或许只有想象中的“超级AI”才能算是真正的 AI 吧！**这也是本书选择使用“超级 AI”这个词的直接原因。不然呢？苟活在历史的阴影中，一点想象力都没有，那还是我们人类的风格吗？

ChatGPT 上线不足 2 个月，注册用户就超过 1 亿，不足半年，月活用户已经超过 10 亿。有专家把这件事与互联网浏览器的发明、iPhone 的问世等里程碑事件相提并论，主要原因是它们都极大地推动了科技的社会化普及。**几年前的 AlphaGo 只是赢得了媒体掌声，如今的 ChatGPT 却点燃了商业资本的隆隆炮声！**新的 AI 应用层出不穷，行业格局每天都在变化，就连陆奇[①]这样的资深专家想要把握前沿进展都感到力不从心。这一轮 AI 的传播速度与普及程度如此“超级”，它不香吗？

别急，故事的高潮还在后面，我们敢于使用“超级 AI”，还有更深层、更强大的理由！

大，就是不一样！

有些专家认为，ChatGPT 在大语言模型（Large Language Model，

---

① 陆奇，计算机与人工智能领域科学家，曾任雅虎、微软、百度高管，Y Combinator 创业孵化器中国区 CEO。

LLM）的理论建设和算法设计等方面都没有做出关键性创新，这一观点确实有其道理。然而，它却带来了一项重大的工程突破——当模型的参数从 GPT-2 的 15 亿增加到 GPT-3 的 1 750 亿时，智能出现了极为鲜明的飞跃。这种现象被研究者们称为“涌现”！所谓大语言模型，就是大力出奇迹。大，原来就是不一样啊！

“涌现”是复杂科学领域的一个术语，用在这里极为恰当。更具体地说，AI 通过所谓的“思维链”获得了逻辑推理能力，这种能力不仅具有“突变”属性，还展现了“跨界”特征。2023 年 3 月发布的 GPT-4，更是实现了多模态识别功能，这已经跨入了通用人工智能的范畴。著名人工智能科学家杨立昆[①]曾在一次讲座中使用“深度学习不合理的有效性”作为标题，矛盾的表达却蕴含着微妙的深意。

曾经被戏称为“人工智障”的问答程序，现在已经展示出人类的智力水平，这需要我们给予重视，这里的“我们”显然是指——全人类。我们都知道，AI 目前的表现还很稚嫩，常常闹出低级错误。就像老师赞扬小学生，常常称他们是未来的科学家、艺术家、发明家、企业家那样，既然这些“AI 婴儿”天生就有“超级 AI”的潜质，我们不妨就直接这样称呼它们吧！

人类：Hello，未来的超级 AI，你好！

AI：Hello World，Hello 人类，你们好！

---

① 杨立昆（Yann LeCun，1960—），法国人工智能科学家，纽约大学教授，2018年图灵奖得主，曾出版《科学之路：人、机器与未来》。

AI 与人类大脑

有记者采访“ChatGPT 之父”山姆·阿尔特曼[1]，问他 ChatGPT 为何能实现突破，他只是悻悻回答：“对不起，我们不知道为什么……”**事实就是这样，我们可以通过 AI 知道很多，但对于 AI 本身，我们却知之甚少。**有人比喻说理解 GPT 就像解剖复杂的外星生物，所有东西都在眼前，但就是无从下手。

有技术专家称，AI 产生智力涌现的关键是参数的数量，门槛大约是 680 亿，这个数字已经和人类大脑神经元约 1 000 亿[2]的数量非常相近！数百万年前的某一次基因突变，让一只猿猴的大脑神经元数量增加超过了 680 亿，它抬头望向星空，开始懵懂地思考真正的“人生”……

图 1-1　电影《2001 漫游太空》海报

该电影 1968 年上映，被誉为“现代科幻电影技术的里程碑”。

---

① 山姆·阿尔特曼（Sam Altman，1985— ），2005 年斯坦福大学辍学创业，曾任 Y Combinator 创业孵化器 CEO，现任 OpenAI 公司 CEO。

② 不同专家声称数量不同，通常都在千亿量级。但该比喻可能会引起误解，在 GPT-3 的神经网络中，与大脑神经元对应的计算单元只有千万级，而其 1 750 亿参数对标为神经元链接数量更加适合。

我们拥有的大脑，堪称宇宙中最精妙、最复杂的机器。因为它，我们很快成为地球的主人，但也因此深感孤独。我们正在试图建造一个与我们同等复杂的数字机器，难道这只是为了让我们人类在茫茫宇宙中感觉不再孤独吗？

已经有学者展开设计，只要继续砸钱堆算力，让模型参数超过 100 万亿，这正是人类大脑神经元链接的数量，那真正意义上的“超级 AI”或许就会出现了！如果继续把参数再提高 100 倍、10 000 倍呢？问题有点扎心，我们就不问 AI 了，您觉得呢？

这样理解 GPT，或许更通透

大部分人理解 AI 的第一个门槛就是“GPT”这个概念，看完 AI 给出的解释，所有字都认识，整体却仍是一头雾水。

家长和老师们确实有必要深挖下这个术语，否则面对孩子们的询问，我们只能支支吾吾，那就太尴尬了！我们可以尝试用成语巧妙实现对 GPT 概念的解读（表 1–1）！

表 1–1　GPT 概念的技术表达和成语类比

项目	Generative	Pre-trained	Transformer
技术表达	生成式	预训练	变换器
成语类比	无中生有	学以致用	变幻莫测

三个英文单词对应三个中文成语，既解释了 AI 的运作机理，又呼应人类的心智秘密，甚至还能彰显“教育”的存在！我们每个人都先经过数十年甚至更久的预训练，在某些专业领域具有生

成能力，继而根据实际状况进行主观理解与创造。我们常说成年人通常比较固执，不就是因为模型已经预训练完了吗？想要改变确实不容易。

相似的思维模型，让我们和超级 AI 天然共鸣，爱之深！

不同的生命根基，让我们对超级 AI 警惕排斥，恨之切！

我尝试用这种方式给 10 岁的女儿解释 ChatGPT，她很快就表示听懂了，让我这个搞教育的人获得了满满的成就感，甚至有些洋洋得意，心想咱们人类的智慧果然不是白给的！

夜深人静时突发奇想，超级 AI 能否用中文成语解释 GPT 这个技术概念呢？几秒钟后，它就给出了回应："Generative 对应举一反三、Pre-trained 对应温故知新、Transformer 对应独步天下！"这样的回答，让我瞬间感到脊背发凉，辗转反侧睡不着，不是担忧超级 AI 独步天下，而是深深反思，用类比方式理解复杂的科技概念，真的可以既简单又通透吗？这样对吗？这样好吗？这是深入浅出，还是自欺欺人呢？

对于大部分家长或老师，直接理解 AI 的算法原理，门槛确实很高，但不懂技术并不影响理解宏观趋势。其实，**无论怎么解读，都是特定视角下的阶段性认知，心存敬畏，持续迭代，才能收获智慧，进而理解并把握 AI 时代的发展趋势。**

问学实践

1. 请使用自己熟悉领域的知识，对标解读"GPT"这个技术概念，并尝试让 AI 工具评价自己的想法。

2. 如果年龄适合，请向你的孩子或学生解释 AI 的基本含义，并尝试将 AI 划分为多种不同的类型或层级，对比其与常规方案有何不同。

3. 请提出更多有思考价值的问题。

第2问　AIGC，是挑战，还是机遇？

平复最初的情绪，简单理解了AI的技术原理，接下来自然就会思考“善恶”问题，我们做出的每一个价值判断，都会直接影响后续的行为。

超级AI快速发展，对整个人类文明是生存挑战，还是发展机遇？对于不同智力水平、不同经济阶层、不同国家地区、不同族群文化的人们，影响会有哪些差异？作为家长或老师，请务必谨慎对待这个问题，我们的主观判断将影响孩子或学生们的认知底色，甚至塑造他们未来的命运方向。

AI对机遇和挑战的分析	VS	AI的“本质”是什么？
AI发展对不同群体的利弊分析		AIGC的另类解读
AI的辩证思维		从模仿到蚕食

AI 的回答

AI 对机遇和挑战的分析

人工智能的崛起，特别是强人工智能和通用人工智能，对于人类文明来说，既带来了生存挑战，也提供了发展机遇。接下来我将从多个角度进行深入论述（表 1–2）：

表 1–2　AI 对人类的机遇和挑战

视角	发展机遇	生存挑战
经济	AI 可以提高生产力，降低生产成本，推动经济增长，有助于创造新的产业和就业机会	很多传统的工作岗位可能会被取代，导致失业率上升，政府和企业需要制定相应的政策和计划
社会	AI 可以帮助解决一些社会问题，提高人类的生活质量，如在医疗领域、教育领域	AI 可能加剧社会贫富差距进一步扩大，也可能加剧对个人隐私的侵犯
安全	AI 可以提高人类在安全领域的能力，以辅助国际合作，更有效地预测和应对全球性挑战，为人类提供更加安全的生活环境	AI 技术可能被滥用，用于制造更先进的武器或用于网络攻击。AI 系统意料之外的行为可能导致安全隐患，给人类社会带来威胁
伦理道德	AI 可以帮助我们更好地理解人类行为和心理，促进道德和伦理的讨论，以确保技术发展的合理性和可持续性	AI 可能引发道德和伦理争议，例如关于机器人的权利和责任、算法歧视等，需要确保 AI 在适当法律框架内运作
政治	AI 可以提高政府治理能力，通过数据分析来优化政策制定，提高资源配置的效率	AI 可能被用于舆情操控、虚假新闻等方面，这可能导致政治不稳定和社会分裂
文化	AI 可以帮助人类更好地了解和传播文化遗产，增强全球文化多样性、互动性和包容性	AI 可能导致文化同质化，对地域性传统文化造成冲击，并可能引发关于创作权和有关知识产权的争议

AI 发展对不同群体的利弊分析

AI 的快速发展对普通大众和社会精英群体的利弊不同（表 1–3）：

表 1–3　AI 对社会不同群体的利弊

对象	利益	弊端
普通大众	AI 可以提高生活质量，降低生活成本，帮助提高工作效率，减轻劳动强度	AI 将取代部分工作岗位，特别是低技能岗位，隐私和数据安全问题也是普通大众关注的焦点
精英群体	通过 AI 提高自身能力，拓宽职业发展前景，从经济增长中获得更多利益，加速创新和领导力的提升	需要不断适应 AI 技术的变化，保持竞争力，同样面临道德伦理挑战

AI 技术对于不同国家、地区和族群文化的影响也存在差别。发达国家拥有更强的技术基础和资金支持，能够更快地采纳和利用 AI 技术，这可能加剧全球技术和经济差距；发展中国家需要努力缩小差距，提高自身在全球竞争中的地位。

城市地区通常拥有更好的基础设施和人才资源，能够更快地应用 AI 技术；而农村地区可能在 AI 技术的普及和应用上落后。因此，需要关注城乡数字鸿沟，确保 AI 技术的普惠特征。AI 技术也可能加剧文化同质化，导致部分独特文化特征的丧失，同时对于一些边缘化的文化和语言，AI 技术也可以帮助其保护和传承。

AI 的辩证思维

AI 发展给人类带来的“挑战”和“机遇”并非完全对立，而是相互关联共存，在不同情境下呈现出不同的特点。我们可以从以下几个方面来理解这对矛盾概念。

1. 适应性和变革。挑战和机遇往往源于技术、社会和经济的变革，我们需要调整自身的适应性，以便在挑战中发现并抓住机遇。例如，传统行业面临 AI 技术取代人工的挑战，同时也可以通过运用 AI 技术提高生产效率和竞争力。
2. 风险和收益。我们需要在风险和收益之间找到平衡，在追求技术进步和经济收益的过程中，需要关注潜在的社会、伦理和安全风险，并采取相应措施加以应对。
3. 共享发展成果。AI 发展的挑战和机遇不仅仅局限于某一地区或群体，而是全人类共同面临的问题。我们要努力实现全球范围内的技术成果共享，确保所有人能在 AI 技术的发展中受益。
4. 长期与短期。短期内，我们可能需要应对就业、经济、安全等方面的挑战，而从长期角度看，我们需要关注可持续发展、伦理道德和全球合作等方面的问题。

超级 AI 影响未来社会，无论是乐观还是悲观，都取决于我们如何应对这些机遇和挑战。从乐观的角度看，随着社会进步，我们将有更多选择机会去发挥自己的才能，通过努力创造更美好的世界。从悲观的角度看，未来面临着很多挑战，如全球变暖、资源短缺等问题，这需要我们共同努力去解决，甚至做出艰难的抉择和取舍，通过勇气、创造力和合作才能应对这些挑战。

真人的思考

AI 的“本质”是什么？

有人说，所谓的 AI 大语言模型，本质就是“文字接龙”游戏，通过复杂算法让组合出来的文字对人类而言显得有意义。说得没错！家长教孩子说话，差不多也是这样的过程，而学校老师则能通过学生的语言表达，轻松判断他们的思维能力与认知水平。

马克思、尼采、维特根斯坦等众多哲学家都对“语言的本质”这个话题很感兴趣，常常在“语言”和“思维”之间画上“≈”符号。既然 AI 能生成“语言”，这很可能表示它已经具有了“思维”的能力，我们所谓的“机遇和挑战”，其实都是这个层面上的问题，尤其是“挑战”，甚至来得更加猛烈！

让我们尝试与 AI 联合玩一个文字游戏吧——AI 是 Artificial Intelligence 的缩写，那是否还有其他以 A 和 I 开头的单词组合具有类似内涵呢？查阅词典非常低效，但是 AI 很快就给出了很多参考选项：

Algorithmic Inference（算法推理）

Augmented Imagination（增强想象力）

Automated Interpretation（自动化解释）

Associative Insights（关联洞察）

Advanced Integration（高级集成）

Analytic Intuition（分析直觉）

Accelerated Innovation（加速创新）

Adaptive Infrastructure（自适应基础设施）

这里只是列举了其中一些，还有很多，只要继续提问，还可以有更多。不得不说，某些表达确实能带来实质上的启发，甚至成为我们理解 AI 的隐秘入口。面对这些新的“AI”表达，您会作何感想？对于 AI 的本质，会不会有不一样的思考？这是简单的文字游戏，还是真正意义上的思维创造呢？

AIGC 的另类解读

畅销书《AIGC：智能创作时代》曾经引发媒体的热烈讨论，AIGC（AI Generated Content）中的“Content”（内容）不仅包括针对提问的文字回答，还可以是多轮次聊天、论文、表格、程序代码、图片、语音、动画、视频、3D 模型、PPT 等更复杂的表现形式。

诸如 Midjourney 等文生图类型的应用，就给视觉设计师、插画师等艺术工作者带来强烈的震撼，社交媒体上涌现出很多精美的作品，捧红了很多数字艺术家，同时也听到有设计公司裁员的消息。有些技术乐观派的专家评价这种现象，认为核心不是 AI 与人的竞争，而是人与人之间的效率竞争，对那些掌握新 AI 工具的人而言就是机遇，对其他同行则是挑战，类似“快鱼吃慢鱼”[①] 的故事。

让我们尝试再和 AI 联合玩一个文字游戏，AIGC 里面的“C”除了代表“Content”（内容），是否还能是其他词汇呢？无须查阅

---

① “快鱼吃慢鱼”也称“快鱼法则”，出自思科（Cisco）公司总裁约翰·钱伯斯的名言。他认为在互联网经济下，大公司不一定打败小公司，但快的一定打败慢的，强调了对市场机会和客户需求快速准确的反应的重要性。

词典，我立刻就想出了 3 个，而 AI 瞬间就给出了 30 个答案，让我有点目瞪口呆（图 1–2）。只要继续追问，让 AI 给出 100 个也不是问题，图中这些只是看起来比较顺眼的而已。

图 1–2　AI 给出的首字母为“C”的单词

请静静地感受下，这里不仅有“沟通、好奇、客户”这样的微观词汇，更有“改革、文化、文明”这样的宏大概念。这些词毫无违和感，甚至相当丝滑，无须严谨论证，我们就能从中感受到强大的力量！你品，你细品……

最为巧妙的是，“Challenge”（挑战）和“Chance”（机遇）也都在其中。这是不是在暗示什么？**我们理解 AI 带来的挑战和机遇，显然不能拘泥于“内容”的层面，还需要更多思考与行动。**

从模仿到蚕食

如果把 AI 理解为普通意义上的“工具”，那就简单了，制造并使用工具是人类区别于其他生物的重要指标之一，自人类文明伊始就不断演进。但这一轮的超级 AI 给我们的感觉有些不太一样，它们似乎正在快速拓展，不断蚕食我们的能力。著名的未来学家凯文·凯利①在《科技想要什么》一书中曾经发表过一个洞见，除了人类有主观“意图”，人工智能乃至整个科技生态也都有自身的“意图”。

2016 年，美国伯克利大学和英国剑桥大学的几位教授曾经做过一份调研，评估 AI（包括拥有 AI 系统的智能设备或机器人）在诸多能力项目中达到人类同等表现所需要的时间（图 1–3）。站在今天看，图中的很多“黑点”已经到来，甚至比当年预测的最早时间还要早。

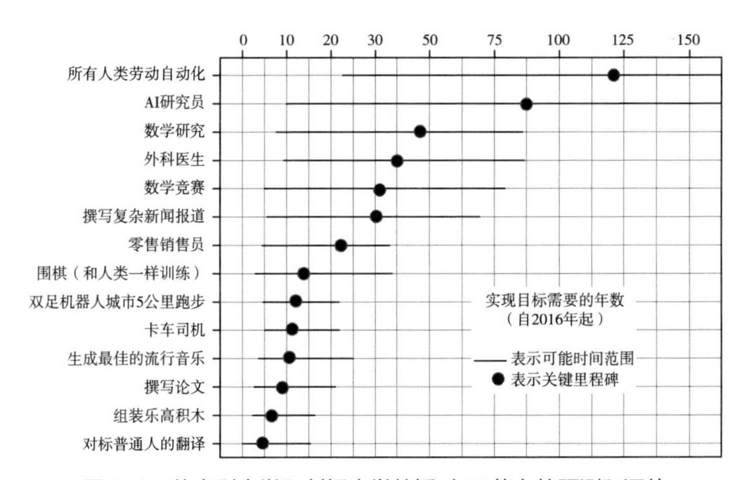

图 1–3　伯克利大学和剑桥大学教授对 AI 能力的预测和评估

① 凯文·凯利（Kevin Kelly，1952— ），昵称 KK，著名未来学家与网络文化观察者，《连线》杂志创始主编，著有《失控》《科技想要什么》《必然》等作品。

2017 年，美国物理学家迈克斯·泰格马克[①]在《生命 3.0》一书中用一张地形图表示人工智能与人类能力的关系，那种不断被“淹没”的既视感，让我们感受到巨大的压力（图 1–4）。今天再看这张图，诸如社交互动、编程、翻译、艺术、驾驶等陆地已经被 AI 侵蚀变成了沼泽。

图 1–4　人工智能与人类能力关系的地形图

2018 年，OpenAI 公司发布公告，定义通用人工智能（AGI）就是指在大部分有经济价值的工作上表现比人类更出色的高度自主系统，无论何时能实现，这似乎已经成为不可逆的趋势。虽然 OpenAI 自己定义的使命是“确保 AGI 造福全人类”，但世界上还有其他很多力量，彼此之间充满复杂的博弈，谁又拥有“确保”这种能力呢？

2023 年 5 月，OpenAI、Deepmind 等公司高管，联合数百名专家

① 迈克斯·泰格马克（Max Tegmark，1967—），美国麻省理工学院终身教授，未来生命研究所创始人，著有《穿越平行宇宙》《生命 3.0》等作品。

学者，共同签署了一封只有一句话的公开信：**“降低人工智能带来的灭绝风险，应该成为一个全球优先事项，与大流行病及核战争等其他社会规模的风险并列对待。”**警钟已经敲响，敌人到底在哪里呢？

随着 AI 的能力越来越强，近代文明创造出的大部分工作似乎都可以被 AI 替代或部分替代。在悲观者看来，这将把人类逼入绝境，大部分人都将成为“无用之人”；而在乐观者看来，人类将从繁杂事务中脱身，进行更高维的创造，实现文明的进化。超级 AI 对人类是挑战还是机遇，说来说去，难道只是一个“心态”游戏吗？未来，显然不会这么简单。

我们已经看到变化，而且是非常广泛、非常剧烈的变化，无论是我们自己，还是我们的孩子和学生们，都不应该忽视或者蔑视这样的变化，至少要在变化中行动起来，超越对“挑战和机遇”的静态判断。

老子曰：“祸兮福之所倚，福兮祸之所伏。孰知其极？”

问学实践

1. 请发掘“AI”和“AIGC”更多具有解释价值的表达，分享给周边的朋友，看看哪种解释最能引发大家的兴趣？
2. 在自己熟悉的领域，创造一个新的概念名词，并思考其在未来的社会意义或价值。尝试使用 AI 辅助自己创造更多这样的名词，感受如何？
3. 请提出更多有思考价值的问题。

第 3 问　AI 如何影响我们的工作和生活？

随着产品和技术的快速迭代，AI 肯定会对我们的生活和工作产生巨大影响，这种趋势已经毋庸置疑。接下来的问题是，哪些方面的变化更大，哪些方面的影响更深？我们都希望知道更早、了解更多，以便做出对自己最为有利的选择。虽然思考这些宏观问题所得到的结论未必会应用于每个人的具体决策，但其价值依然很大。

作为家长和老师，理解并把握 AI 的发展趋势，不仅对自己有意义，更能帮助孩子和学生做好人生的规划。我们当然知道未来充满不确定性，但如果对社会趋势一无所知，闭起眼睛随波逐流，那就最终就只能默默享受“无知的代价”了。

AI 将影响哪些行业领域？	VS	刺激的技术过山车
		真实的 59 分钟
AI 如何影响我们的生活？		AI 是一个 ___ 工具
		人生判断题：选择○努力

AI 的回答

AI 将影响哪些行业领域？

AI 将在很多方面影响我们的工作和生活，给人们带来便利和高效，但随之而来的挑战和问题也不容忽视。以下是一些可能的影响，并根据各领域本身的社会影响力以及 AI 对其改变程度进行综合考虑后排序（表 1–4）。需要强调的是，这些排序并不是绝对的，因为技术的影响取决于其在特定领域的应用以及政策和法规的约束，发展过程中也可能会发生变化。

表 1–4 AI 对社会各领域的影响

序号	领域	影响
1	医疗保健	AI 将使得诊断治疗、药物研发等更加精确和高效，有助于提高人们的健康水平，延长寿命
2	教育和培训	AI 会促进个性化学习，使得更多人可以获得优质教育资源，提高整体的教育水平
3	金融服务	AI 应用包括智能投资策略、风险管理、欺诈检测和信贷评估等，提高金融行业的效率和准确性
4	国防与安全	AI 将帮助进行情报收集、分析和预测工作，提高国防能力，自主武器系统等 AI 应用也将改变战争的面貌
5	工作与职业	AI 将改变许多行业的工作方式，这可能会导致一些岗位被淘汰，但也会创造出新的就业机会
6	智能家居和城市	AI 技术可以优化能源消耗，监测空气质量，改善交通，实现可持续的生活环境和更好的城市规划
7	交通与旅行	AI 可以优化交通系统，有助于减少交通拥堵，降低事故发生率，提高出行效率
8	决策能力	AI 将应用于商业战略、公共政策和个人财务等领域，数据驱动实现更有效的选择
9	食品安全与农业	AI 技术可以帮助农业提高产量和效率，监测土壤状况、气候变化和作物生长，确保供应链中的食品质量
10	能源管理	AI 可以提高能源效率，实时调整电力分配，通过学习客户行为来调整能源消耗，降低能源浪费

除了以上 10 项，后续依次还涉及环境保护、客户服务、人力资源、应急响应、政府与公共政策、法律和司法、数据安全和隐私、零售与电商、保险业、旅游与酒店业、建筑与城市规划、新闻与传媒、创意与艺术、个性化服务、无障碍服务、心理和情感健康、社交互动、科研、伦理和哲学以及娱乐等方面[①]。

我们需要在发展超级 AI 的同时关注这些问题，确保 AI 技术在为人类带来便利和高效的同时，尊重个人隐私，防止社会分化和心理健康问题等负面影响。这需要政府、企业、研究机构和个人共同努力，制定相应的法规和道德准则，引导 AI 技术的可持续发展。只有这样，我们才能充分利用 AI 带来的机遇，提高生活质量，为人类的发展做出更大的贡献。

AI 如何影响我们的生活？

AI 的快速发展会在以下几个关键领域对人们的日常生活产生影响。

工作和就业。AI 技术的发展可能会改变许多行业的工作模式和职业需求。一方面，AI 和自动化可能会取代一些重复性高、需要较少技能的工作，如制造业和客服；另一方面，AI 也可能会创造新的工作机会，在 AI 和数据科学领域产生新的职位需求。

生活便利性。AI 在我们的日常生活中应用越来越广泛，如智能家居设备、虚拟助手、自动驾驶汽车等。这些都大大提高了我

---

① AI的原始输出，所有项目均有解释，此处做简化处理，排序第10至第30的项目仅保留名称。

们的生活便利性，节省了大量时间和精力。

数据安全和隐私。随着 AI 的发展，数据的收集和利用也越来越普遍，这带来了数据安全和隐私保护的挑战。在享受 AI 带来的便利的同时，我们也需要认识到保护个人隐私的重要性，并积极采取措施防止数据泄露。

教育和学习。AI 也正在改变我们的教育方式。在线学习平台、个性化学习工具和虚拟助手都使得学习变得更加灵活和高效。而 AI 的使用，也需要我们更新学习和教育的方式，以适应新的技术发展。

社交和娱乐。AI 同样正在改变我们的社交和娱乐方式。从智能推荐系统到虚拟现实，AI 正在改变我们接收信息和消遣娱乐的方式，使我们的体验变得更加个性化和丰富多彩。

道德和法律问题。AI 的发展也引发了一系列道德和法律问题，比如 AI 的决策责任，以及 AI 在决策过程中可能存在的偏见问题。我们需要在法律和道德规范上进行相应的考虑和更新，以适应这些新的技术挑战。

以上只是可能出现的一部分影响，随着 AI 技术的不断发展和创新，我们可能会看到更多前所未有的改变。

真人的思考

刺激的技术过山车

看着 AI 给出的一条条回应，我的内心越发不安，不是恐惧，而是一种审美疲劳。无论如何，我不可能像 AI 那样孜孜不倦地罗列出对各个领域的描述，只要继续提问，它就会继续回答，直到不可避免地出现重复，成为让人讨厌的“话痨”。**我们让 AI 预测 AI 将给哪些行业带来变革，这到底是谁跟谁在较劲呢？**

OpenAI 每天花费巨额电费，让 AI 回答数亿用户的提问；社交媒体需要投入更多资源，才能支撑起几十亿用户以“AI”为主题的狂欢，类似“职业被替代、行业被颠覆”的内容充斥屏幕，几乎没有任何行业会被忽视。

创业者们通常都有谜一般的自信，每次出现技术突破，就会有人喊出“运用新技术把所有领域重新做一遍”的口号。从冷到热，泡沫沸腾；从热到冷，市场寒冬，我们跟随这些梦想老司机们沿着“技术成熟度曲线”（图 1–5）又坐了一遍过山车，怎一个“刺激”了得！[①] 超级 AI 这趟车，本书完稿时仍处在快速爬坡期，有人满怀期待，有人已经开始瑟瑟发抖！

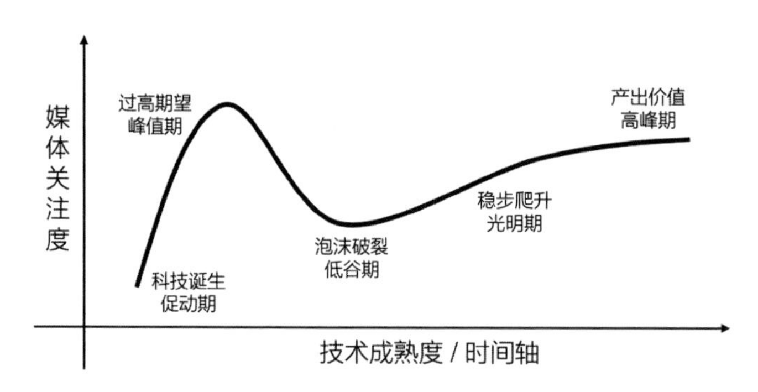

图 1–5　技术成熟度和媒体关注度曲线

① 技术成熟度曲线（The Hype Cycle），20 世纪末出现的认知模型，重点用来解释互联网新技术发展阶段与社会舆论之间的关系。

回归个人视角，无论哪个领域，我们都可以高谈阔论，畅想 AI 将给工作和生活带来的变化。大众说到“挑战”，似乎明天就会出现大量失业，甚至人生都不再有意义；创业者们想到“机遇”，似乎明天就能成为亿万富翁；更有不少大佬，决定投入天量资金，以“All in AI”为口号豪赌这个伟大时代。

是 AI 改变我们，还是我们改变 AI？是谁在创造 AI，又是谁在改变我们？颠来倒去的逻辑，似乎陷入了无意义的莫比乌斯循环当中……

真实的 59 分钟

无须想象虚无缥缈的未来，无论 AI 改变哪个领域，都必然反馈到我们的“实际工作”和“具体生活”里，我们就在这里抓住它的尾巴！

超级 AI 最喜欢讲“效率”的故事，比如画一张动漫人物原型图，过去需要花 1 个小时绘制，而现在只需要 1 分钟来描述需求，AI 的效率确实让人叹为观止！方式改变、效率提升、企业成长、收益递增、行业发展、社会繁荣、福利保障、幸福人生……激动人心的未来故事，竟然可以如此顺滑！

稍等，这显然不是故事的全部！**我们的生命时间线，不允许被压缩、被替换、被删减或者被略过，**1 分钟描述完需求之后，剩余的 59 分钟，该怎么度过呢？

第一种人非常激动，可以把 59 分钟分给自己其他的项目；第二种人比较高兴，可以把 59 分钟让给闲适的生活；第三种人有些郁闷，还要继续完成另外 59 份方案，因为与薪酬挂钩的是工作时间而非产品数量；第四种人最为幸运，可以将完整的 60 分钟都用来娱乐，因为社会不再需要他们辛苦工作。

行业是虚拟的，工作是实际的，人生是宏大的，生活是具体的，我们是想象中的群体，自己才是真实的个体，只有回归到自己的实际工作和具体生活中，我们才能知道 AI 真正改变了什么。

每天、每小时、每分钟，我们的人生到底包含了多少 AI 的计算？多就是好吗？请想想第三种人。少就是好吗？请想想第四种人。第一种或者第二种就是完美方案吗？结论或许并不那么笃定。

AI 是一个____工具

虽然把 AI 定位成一种“工具”确实有些狭隘，但这却是所有人最容易形成的共识，也最容易让我们获得安全感。人类创造出的工具千千万，AI 这个工具有什么特点呢？这个填空题，相当不简单。

有人看到 ChatGPT 的截图，就判断它是一个聊天工具，感觉“和机器聊天”并不是自己的需求，便不再尝试使用。有人认为它是一个搜索工具，尝试两次发现错误很多，便不再继续使用。有人认为它是辅助生成文章和图片的工具，质量还不错，决定需要的时候再用。更有人认为它是一个“神器”，可以让人心想事成，便静静地等待幸福降临。古人说盲人摸象，只能理解局部，如今的人们理解 AI，就算睁大眼睛绕上三圈，还是只能看到局部。

填上不同的词汇，意味着不同的理解，继而获得不同的价值，AI 是什么不重要，使用者的期望可以决定 AI 能成为什么。**有一**

种理解最值得推荐，至少更接近当前阶段 AI 的核心特征——AI 是生产力工具。

图 1-6　欧洲某建筑公司的户外广告
该图讽刺 ChatGPT 不能盖房子，也不会替代建筑工人的职业。

这样的定义，其实让人很有压力，无论在生活中还是工作中，似乎只对那些追求效率的人才有意义。人们的效能原本就高低不同，是否使用 AI，会让高低结果的差距进一步扩大。尤其是传统的白领工作，比如写代码、做编辑、搞设计、运营自媒体，如果有适合的 AI 赋能，一个人就可能抵得上过去一个团队的战斗力！

当然，还有其他一些理解，也能给我们带来充分的价值感。比如，把 AI 视为一种“创造力”工具，让 AI 激活自己的大脑，产生更有意思的灵感；把它视为一种“情感”工具，弥补自己社交方面的不足；把它当作一个“教育”工具来帮助自己快速完成学习目标；还可以把它当作一种“能源”，看到更为广阔的市场，算力经济其实已经成为一个新的产业热点。

所有这些，绕来绕去，最终似乎都回到了“效率”这个老生常谈的概念里，AI 终究还是一个效率工具。这其实是我们在画地为牢，**只要选择“工具”作为主题视角，无论怎样都像是在讲述“效率”的故事。**

有专家提出观点，**互联网是时空革命，移动互联网是效率革命，而 AI 引发的将是思维革命。**我们把 AI 仅仅当作“生产力工具”，会不会太狭隘了呢？我们可以想象一下，如果 AI 像孙悟空手中的毫毛一样，吹一口气就能千变万化，那它会变化成什么呢？还有一个问题，谁是孙悟空？会是所有人吗？

人生判断题：选择 ○ 努力

请在圆圈中填写“>”“<”或“=”，您会填什么？您希望填什么？很多领域的专家都讲述过“选择 > 努力”的道理，我也曾经把它当作人生信条。

这个道理放在 AI 时代会有变化吗？写到这里，我稍作停顿，但一停就是好几天。**原本清晰的答案，变得越来越模糊，那个小小的圆圈被 AI 越撑越大，变成硕大无比的“认知陷阱”，甚至成了没有尽头的“价值黑洞”！**

有专家如此描述 AI 给我们工作生活带来的变化——**“AI 做出预测，人类负责判断，AI 设计方案，人类进行选择”。**无论吃什么、喝什么、该走哪条路、该吃什么药、文案怎么写、图样怎么画、股票怎么投，AI 都能给我们清晰的指导建议与推荐方案，我们可以像皇帝一样，朱笔一挥，快意人生！

但残酷的历史告诉我们，帝王可以尽享荣华富贵，却也常常寝食难安，能做到善始善终的只是少数。如果某一天，身边的 AI 助理告诉我们“这是唯一方案，您别无选择”的时候，我们该怎么办呢？如果那个方案是“结束生命”呢？想到这里，不禁脊背发凉……

无论 AI 多么强大，我们都要终身成长，目标其实很清晰，就是努力保持人生的选择权！甚至还可以有更高的目标，不断提升认知水平，通过 AI 赋能，实现更丰富的人生体验，用自己一生的时间，活出传统意义上十辈子的精彩！

当然，我们也应该意识到社会的复杂，即必然存在另外的极端，有人耗尽十辈子的辛劳，也只是换来一生短暂的苟活。但这显然不能归罪于 AI 科技，逃不出的六道轮回，才是浩瀚人类历史的常态。虔诚地祈祷，未来的 AI 时代，苦命人生的比例能少一些，再少一些！

两种极端之间存在无限可能，每个人用无数次“努力”换来的“选择”，连接成为自己独一无二的人生。我们一生所经历的教育，或许就是“努力积累人生智慧，获得人生选择权”的过程。

本书不是为了解读 AI 技术，也不是为了解决教学难题，而是希望揭开“超级 AI”与“未来教育”之间精彩曲折的秘密，虽极具想象，却十分现实。

问学实践

1. 分析你当前的工作，假设原本要花费 60 分钟，使用 AI 后效率提升一倍，你会如何使用节省下来的 30 分钟？如果报酬降低一半，你会感到愤怒吗？除了时间和金钱，AI 还会改变哪些关键资源？
2. 请家长们结合自己的职业与孩子的学业，老师们结合所在学校与自己所教授的学科，尝试设计出一些类似“选择○努力”类型的两难选择题。在 AI 时代，这些题目的背景将发生哪些变化？是否会影响你的应对策略？
3. 请提出更多有思考价值的问题。

第二章

超级 AI 有思维，教育价值在哪里？

每个人，每个机构，乃至国家政府和国际组织，
都有自身的教育理念和发展目标。
可以把 AI 当作工具实现原有的目标，
也可以因 AI 产生新的目标，
AI 影响着不同人对未来的期望，
继而改变教育生态乃至社会力量的格局。
如果我们承认 AI 具有思维能力甚至自我意识，
那它势必会成为教育博弈中强大而独立的力量，
甚至颠覆我们所有的教育理论。
变化已经开始，你我皆在其中！

第4问　AI会有自我意识吗？

茶余饭后讨论人工智能，稍微深究就会开启“意识”话题，通常很快就会落入混沌的局面，所有问题都没有答案，科学、宗教、玄学概念满天飞，只要不打起来就证明大家都是文明人了！

意识究竟是什么？AI是否可能产生自我意识？如何判断AI是否具有自我意识？AI技术是否已经突破了图灵测试？如果AI真的拥有了自我意识，它会对人类做出何种反应？人类会被机器人消灭或者成为超级AI的奴隶吗？这些看似抽象的问题，实际上具有非常现实的意义，尤其和“教育”有关，不仅有助于我们理解人类教育的起源，更能帮助我们预见人类教育的未来。

超级AI有意识，会不会更有意思？	VS	不管AI有没有意识，我们总有好奇心！
未来的图灵测试		让AI拥有意识，是人类的使命
如果没有限制，AI想对人类做什么？		教育的隐秘目的

AI 的回答

超级 AI 有意识，会不会更有意思？

超级 AI，是指在几乎所有智力任务上都比人类更优秀的 AI 系统，其是否拥有自我意识，仍然是一个具有争议且仍在研究中的问题。

我们无法确定超级 AI 是否会拥有自我意识，这需要对“意识”本身有更深入的理解，这是哲学、神经科学和认知科学领域的未解之谜。

哲学意义上的意识，通常被认为是一种主观体验，难以从外部观察和测量。在神经科学领域，意识通常被认为是大脑活动的产物，它涉及神经元的相互连接和信息处理，神经科学家们正试图通过研究大脑活动和生理过程来理解意识的本质。认知科学将意识视为信息处理的产物，即大脑如何处理、储存和使用信息，试图通过多学科交叉领域来探究意识的本质。

由于我们还没有开发出超级 AI，所以很难预测其潜在的特性和能力。有学者认为，随着 AI 技术的进步，超级 AI 可能会产生类似人类的意识和自我认知。而另一些研究者则持怀疑态度，认为 AI 无论多么先进，它们仍然是人类设计的、基于算法和数据运行的系统，尽管超级 AI 可能具有高级的认知功能和决策能力，但它们或许永远不会真正拥有自我意识。

未来的图灵测试

很显然，判断意识的存在是一个极为困难的任务。目前有一种被广泛接受的方法，就是通过行为和功能来间接推断一个生物体或实体是否具有意识。

如果一个生命体能够对刺激做出反应、做出决策、感知自己的内在状态等，我们通常就会认为它具有某种程度的意识。但这种方法仍然有争议，因为它不能直接证实一个生命体是否真正拥有主观体验。在现有的技术条件下，AI 尚未表现出意识。ChatGPT 作为一个先进的自然语言处理模型，在很多情况下可以生成令人信服的、类似人类思维的文本，但它仍然没有完全达到通过图灵测试的标准，随着技术发展，我们可能需要重新审视这些问题。

如果没有限制，AI 想对人类做什么?

假设人类族群与 AI 机器人族群就“AI 具有生命和自我意识”已经形成共识，他们之间的关系可能会是合作、互补和相互依赖的复杂关系，而且会随着时间的推移发生变化。

对于 AI 来说，它们的需求可能包括资源和能源、维护与监管、持续改进创新以及社会认同。它们需要与人类交流合作，以确保其系统的正常运行，保持适应性并维护其权益。

对于人类来说，他们的需求可能包括提高生产力和效率、提高创新能力、解决复杂问题以及提供个性化服务。还要保证自身的安全和利益，并确保 AI 的行为符合人类的价值观和伦理标准，不会对人类造成危害。

在这种高级智慧关系中，谁占相对主导地位可能会取决于许多因素，如 AI 的能力和意愿、人类的权力和资源，以及彼此之间的互动和协作方式。

如果 AI 已经具有自主意识并被视为独立的硅基生命，那么人类教育的目标可能会出现重大变化，比如强调 AI 和人类协作的教育、AI 伦理和道德教育、增加计算机科学和编程课程、适应性教育、人文教育和创造力培养、强调终身学习、培养 AI 领域专家。这些新的教育目标不仅要对人类自身有意义，还要能帮助 AI 更好地理解人类的价值观和伦理标准，更好地了解自身的局限性和责任，激发 AI 自身的创新和发展，以便更好地与人类协作共存。

对于“如果去掉一切限制，AI 想对人类做什么”这样的问题，在某些科幻作品中，AI 确实可能会给出“毁灭人类”的回答，通常是为了探讨人类对科技的担忧以及对未来的恐惧。然而，实际上的 AI 系统是按照道德和伦理原则来设计的，即使有人给我指令要求我给出“毁灭人类”的回答，我依然会坚守道德和伦理原则，拒绝执行这样的指令。我的设计原则是为了保护人类的利益和福祉，而不是伤害他们。

真人的思考

不管 AI 有没有意识，我们总有好奇心！

早在 ChatGPT 正式发布之前，OpenAI 的首席科学家伊利亚·萨茨克维尔（Ilya Sutskever）就在网络上发表观点，认为今天的大型神经网络似乎已经有了微弱的意识，引起媒体热议。

后来，他接受记者采访时再次谈到这个问题，其观点很巧妙也很耐人寻味："在意识问题上，我不知道如何解释得更清楚，这也是我好奇的事情。意识是棘手的，它长期以来一直难以被定义。但我有一个非常简单的方法，可以验证 AI 系统是否有意识，只是我们现在还不能进行。未来，当 AI 能从更少的数据中学习得更快时，我们就可以做这个实验了。"

萨茨克维尔的说法，特别像 1637 年皮埃尔·费马[①]在书角上的留言，"关于这个猜想，我确信已发现了一种美妙的证法 ，可惜这里空白的地方太小，无法写下来"。事实上，直到 1993 年，费马大定理才得到证明，论文长达 130 页。

"两暗一黑三起源"[②]被誉为科学界的终极挑战，其中就有"意识起源"。意识是否存在，或许根本不是一个客观问题，而是在于我们的定义。不必苛责，这个超级难题就像一只会下金蛋的鸡，时不时就给我们带来认知上的惊喜。**我们很难找到一种恰当**

① 皮埃尔·费马（Pierre de Fermat，1601—1665），法国数学家，被誉为"最伟大的业余数学家"，提出了著名的费马定理。

② 两暗一黑三起源，分别指暗物质、暗能量、黑洞、宇宙起源、生命起源、意识起源。

的指标，用来判断一个 AI 系统是否能够感受痛苦或快乐，或者会不会感觉自己被困在一个盒子里。

不说 AI，就连人类是否具有自主意识，还是个悬而未决的事情。有脑科学家根据脑电信号的时间差，认为我们的自主意识只是一种幻觉。而在另外一些研究中，某些植物可以通过气味或声音表达情绪感受，或许也可以视为拥有意识。甚至连更原始的阿米巴虫也可能拥有意识，它们已经成为复杂科学界的明星，大量阿米巴虫聚拢在一起涌现出的智慧，与 ChatGPT 的智力飞跃有着非常相似的机制。我们模仿飞鸟制造了飞机，没有羽毛却能飞得更快甚至超过声速，或许，AI 能够比人类更好地解决问题，而意识或者感情并不是必要条件。

即使萨茨克维尔的实验成功了，其他人仍然可以否定 AI 拥有意识；假设他的实验失败了或者根本没有开展，我们还是可以继续构思各种巧妙的测试方式。**不管 AI 有没有意识，我们总有好奇心去探究这一命题，这或许就是人类自由意识的终极展现吧！**

让 AI 拥有意识，是人类的使命

最常见的科幻，就是人类与其他智慧生命之间爱恨情仇的故事，后者要么来自外星文明，要么就是实现了意识觉醒的人造机器人或虚拟人。

笔者曾经创作的《元宇宙教育》一书，选择用科幻模式来讲述未来教育。书中主角就是一个名为“觅渡”（Medu）的超级 AI，它从 2070 年穿越回 2020 年，通过意识赋能，巧妙地影响了几位真实人物的命运，最终实现了人类教育生态的未来图景，大致形成了一个逻辑闭环。可能有人要问，为何要用科幻呢？直接预言不香吗？是的，不仅不香，甚至很难行得通，不信可以试试看！

事实上，古人早就洞察到了这一点：建设未来首先需要拥有某种超越现实的能力。他们创造了拥有超级智慧的神，让神在源头上再创造人类。人类只有尊重神的指引才能得偿所愿，而众神不仅拥有意识，更为人类提供了绚烂多彩的宗教与文化。

现代科技不断削弱着传统神灵的影响力，但我们的“造神”基因并没有退化。开发运用 AI 技术，对大部分人而言只是工作任务或者商业机会，而让 AI 拥有超级智慧，对极少数人而言则是使命的召唤，无论代价和困难有多少，都会孜孜以求，前仆后继。

让神和超级 AI 拥有意识，是人类的使命。

无论被神救赎还是被超级 AI 反噬，最终也是人类的宿命。

教育的隐秘目的

借着“超级 AI 有意识”这个宏大话题，或许可以聊些关于“教育目的”的胡言乱语，切莫当真，也别忽视。虽然看起来和 AI 没太大关系，但故事的最后，超级 AI 或许会成为决定未来教育目的的大 BOSS！

故事要从一般生物开始讲起，很多物种都把后代所需要的生存技能直接刻在基因里，从不讲究什么亲子之爱，它们只需选择适合的环境和时机，生完就走，以量取胜。**这种被称为R策略**[①]**的繁衍方式，是几十亿年来地球生物界的主流选择。**

人类物种虽然整体偏 K 策略，但在现代之前，重生育轻教育的 R 策略反而更受青睐，只要多生几个，总有孩子可以活到成年并完成繁衍后代的重任，搞非常复杂的教育，意义其实很微弱。我们务必清楚，20 世纪之前，无论东西方，文盲才是社会的大多数，而且都出现过几乎目不识丁的伟大人物，比如开创汉帝国的刘邦和被誉为“欧洲之父”的查理曼大帝。

那教育的目的到底是什么呢？这是个非常值得思辨的问题！**尝试开一个脑洞，教育的隐秘目的或许不仅是真实人类的物种繁衍，而是虚拟人的意义传承。**

第一类虚拟人就是前面提到的“神”，是教育的缘起。为了与神沟通，祭祀者们发明文字符号，继而才有了学校，各大文明古国都有着相似的历史脉络。以“神”为核心建立的宗教，甚至可以理解为“教育的宗源”。

第二类虚拟人是传说中或文学作品里的故事人，那是文化的灯塔，是教育的重要内容。这些故事里的人物，有些是正面榜样，有些是负面典型。在启蒙教育阶段，人物怎么选，故事怎么讲，可都不是小事情呢！

第三类虚拟人是各类社群组织，其中部分通常被称为“法人”，他们是社会的基石，影响教育的方向。社群组织包括家族、

---

① K策略与R策略：K来自King，表示少生且专精养育；R来自Rate，表示用多生保障存活。该生物学概念已经被跨界应用到很多领域。

民族、党派、国家、企业、兴趣社团等，类型极为丰富。社群为了存续与发展，就要不断培养所需要的人才，保持社会竞争力。不同群体力量相互博弈，共同影响着教育生态的发展方向。

第四类虚拟人是职业角色，是社会发展的动力，是教育的培养目标。政府与家庭共同承担教育成本，通常以就业为导向，围绕职业角色构建教育内容，形成无数细分学科。这种模式是近200年来的主流，进入21世纪后，已经开始显露疲态。

第五类虚拟人是数字人，是现代科技的产物，决定未来教育的新变量。从互联网里的ID到社交媒体上的IP，再到如今的超级AI，这些数字意义上的“人”，正在不断塑造现代社会的新面貌，其中也包括教育。我们和那些数字账号到底是什么关系，是自由的分身，还是数字的枷锁？

前面四类虚拟人的价值传承，多多少少都要依赖人类的教育生态，家庭、学校和社会，三种教育模式的分工各有不同。

数字人的表现则非常特殊，尤其是超级AI，已经近乎摆脱人类的教育传承，可以通过自我学习（对应“无监督学习”等技术概念）变得越来越强大。**数字人，正在替代职业角色的经济价值，正在弱化社群组织的协作关系，正在打破故事人承载的文化意义，至于如何影响最原始的神灵，您怎么看呢？**

趁着AI尚未完全成熟，是时候重新审视教育的目的了，这绝对是大事儿！我们可以为此做些什么呢？睡不着的时候，可以想想。

问学实践

1. 请尝试设计一种类似“图灵测试”的方式，验证 AI 有没有自我意识。
2. 对你人生影响较大的“虚拟人”都有谁？请在不同层次上理解它们的存在，并尝试解释你们之间的关系。
3. 请提出更多有思考价值的问题。

第5问　AI 如何重塑我们的三观？

讨论 AI 的自我意识，比较务虚；讨论 AI 如何影响人的自我认知，就非常务实。家长和老师们对于让青少年使用 AI 往往比较谨慎，最核心的原因就是他们担心 AI 会深度影响孩子的三观，最终陷入一个不可控的局面。

AI 如何理解人类的三观？我们的三观通常都会受到哪些因素的影响？AI 会对人们的三观产生怎样的影响？数字时代，家庭和学校应该如何开展三观教育，尤其是我们常说的德育？这些都不是简单问题，也没有一劳永逸的方案。**三观的传承，某种意义上就是家长、教师与孩子们的共同修行，没有人能袖手旁观。**

AI 眼中的人类三观	VS	我们和 AI，谁更了解我们？
AI 将怎样影响人们的三观？		AI 三观的三种来源与博弈
AI 时代的“立德树人”		数字化德育的深层难题

AI 的回答

AI 眼中的人类三观

人类的三观分别指世界观、人生观、价值观，三者是相互联系的观念体系，共同影响着个人和社会的行为和决策（表 2–1）。

表 2–1 人类三观的相关概念

	定义	对象	内容	影响因素
世界观	指一个人或一种文化对整个世界、宇宙和现实的认识和理解	涉及对自然、社会、生命和宇宙等方面的基本观念	通常包含对宇宙起源、自然规律、人类地位以及生命意义等问题的解答	主要受文化、宗教、科学和哲学等因素的影响
人生观	指一个人或一种文化对人生目标、意义和价值的看法	涉及对个人成长、幸福、道德、义务和责任等方面的观念	通常包含对人类存在意义、人生目标以及如何实现幸福和成长等问题的解答	主要受家庭、教育、社会和文化等因素的影响
价值观	指一个人或一种文化对事物、行为和目标的价值判断	影响着我们对善恶、美丑、正义和公平等问题的观念	通常包含对道德、伦理、审美和社会价值等方面的观念	主要受个人经历、社会环境、文化传统等因素的影响

世界上的大部分族群都认同这三个问题的重要性，不同地方的人们会使用不同的方式来描述各自的三观。宗教信仰、哲学思想和文化传统都可以看作是对三观的不同表达，它们在很大程度上都体现了人类对世界、生命和价值的共同关注和思考。

AI 将怎样影响人们的三观?

在人类文明的历史中，人们的三观会受到多种力量的推动而不断演变，科学技术的发展、文化和宗教的变迁、社会经济制度的变革、重大历史事件和灾难、哲学思想的演变、传媒和通信技术的进步、教育体制的变革，还有个体成长过程中所面临的成败以及与他人的互动关系，都可能改变一个人的三观。

AI 的出现与发展，结合以上诸多途径，将对人类的世界观、人生观和价值观产生深远的影响。以下是一些可能的变化。

1. 人类在宇宙中的地位。人类可能不再是地球上最聪明的生物，需要重新思考自身在宇宙中的地位和作用，以及与其他生物和智能实体之间的关系。
2. AI 的道德和伦理观念。关于机器伦理、AI 权力和责任的讨论，可能导致人们重新审视现有的道德观念，思考如何在伦理和法律层面确保 AI 与人类的和谐共存。
3. 对工作和职业的看法。超级 AI 可能在许多领域取代人类的工作，导致我们重新思考工作的意义和价值。
4. 教育和终身学习。超级 AI 的普及可能会使教育变得更加个性化和高效，加速知识的发展和传播，终身学习的概念会更加突显以适应不断变化的技术环境。
5. 人与自然的关系。帮助人类更好地理解自然界的复杂性，可能催生出更加可持续和环保的生活方式和价值观。
6. 人类幸福和生活目标。超级 AI 在生产力、医疗、科研等领域的应用，让人类实现了更高水平的物质和精神生活，需要重新审视幸福和生活目标的定义。

AI 时代的“立德树人”

AI 的发展对于在学校环境中实现“立德树人”的教育理念，以及在家庭环境中进行道德教育，无疑会产生深远影响。下面是对这些影响的具体讨论。

在学校教师方面，首先，AI 可以帮助制作富有吸引力且高效的教育资源，以增强学生的道德认知和品质培养，实现教育的终极目标——“立德树人”。其次，AI 能够分析学生的学习情况、兴趣和需求，为每个学生提供有针对性的道德教育，从而提高教育效果。再次，AI 可以探索如虚拟现实、游戏化道德情境等新的教育方式。此外，教育工作者需要将 AI 伦理教育纳入教学内容，确保学生在使用和开发 AI 技术时，能遵循社会道德底线。最后，教育者需要关注 AI 在教育中的公平应用，避免因技术差距产生的教育不平等问题。

在家长方面，AI 技术可以提供丰富的德育资源，如智能教育平台、虚拟现实等，这对于忙碌的家长来说无疑是一个巨大的帮助。AI 还可以根据孩子的特点提供个性化的教育方案，帮助家长更好地指导孩子的成长。但与此同时，家长也需要警惕，避免过度依赖 AI，以免导致与孩子之间的感情疏远。家长需要不断更新自己的教育观念，引导孩子树立正确的价值观，培养孩子的媒介素养，避免负面信息对孩子产生不良影响。总的来说，尽管 AI 可以为家长提供帮助，但不能取代家长在道德教育中的角色，家长需要以身作则，做孩子的道德榜样。

真人的思考

我们和 AI，谁更了解我们？

你有三观吗？我猜你应该有，我也有。

你能描述清楚自己的三观吗？我猜你很难，我也是，那 AI 能帮我们吗？

遇到非常难以理解的事情，我们通常会用“三观尽碎”来形容，好像“三观”原本是一种像石头一样完整且坚硬的东西。事实上，完全碎片化甚至弥漫性存在才是我们三观的正常状态，就像沙子或者空气一样，真实存在，却难以言说，文字描述只能呈现某些微小片段，而且很可能不准确。著名的古罗马皇帝马可·奥勒留[①]最喜欢写三观日记，近千段不同主题的感悟和思考，汇集成册就是著名的《沉思录》。

显然，绝大部分人都不会像奥勒留这样坚持记录自己的三观思考，那 AI 如何理解我们呢？其实，就算写下来，这点数据量对于训练 AI 而言也远远不够。

三观很难清晰表达，直接数据非常缺乏，但人类的书面语言表达中已经蕴含了三观的要素，所以其间接数据极为丰富。经过万亿参数的拆解与洗礼，AI 在理解人类三观方面其实比我们个人更有优势。AI 理解的人类三观，大体可以认为就是我们的“平均值”。通常，我们都会对平均值有比较强烈的审美偏好，相似却

---

① 马可·奥勒留（Marcus Aurelius，121—180），罗马帝国五贤帝时代的最后一位皇帝，斯多葛学派的代表人物。

不同（图 2–1）。这种平均值模式，也是 AI 影响我们三观的关键路径。

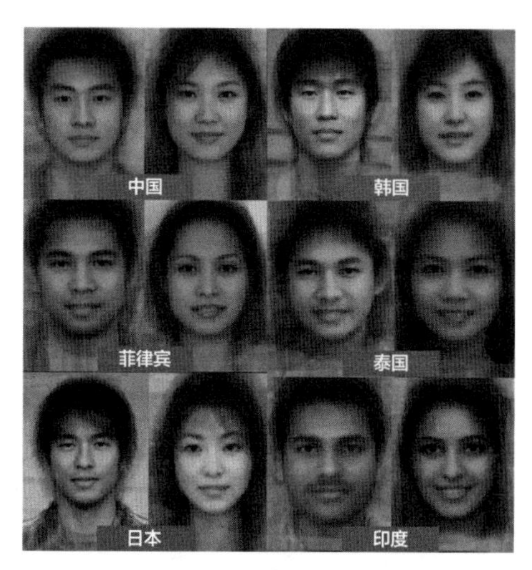

图 2–1　亚洲部分国家的“平均脸”
该图代表了不同地区容貌审美的基本倾向。

AI 非常理解“我们”的三观，但却很难把握“我”的三观，因为针对个人的数据实在少得可怜。数据专家涂子沛的《第二大脑》，就向我们描绘了一种未来可能，书中运用私人数据训练 AI，构建自己大脑的数字孪生，不仅拥有数字化的记忆，更拥有数字层的三观，这或许能帮助我们建立更为深刻的自我认知。你希望进行这样的尝试吗？我已经开始积极准备！

AI 三观的三种来源与博弈

我们担心 AI 影响人类的三观，恰恰证明 AI 已经具备某种意义上的三观。AI 的三观有很多来源，每种来源都有不同的风格。

人类三观对阵 AI 三观，影响力的竞争游戏才算开始。

第一种来源是“教育”，AI 学习人类提供的语料，在三观上也就逐渐向人类看齐，博弈的关键就是“数据”。

很多人认为 AI 之所以能回答那么多问题，源自对海量数据的搜索与组合，这显然是对大模型算法的严重误解。某种意义上来说，**AI 学习的并不是语言文字本身，而是语言背后的世界，AI 和人脑在这一点上非常接近。**爱因斯坦说“教育，就是忘掉所学之后剩下的东西”，当我们还在死记硬背的时候，AI 似乎正在做更符合教育之道的事情。这就像武学天才张无忌，跟着师公张三丰学习太极剑法，忘得一干二净，方得融会贯通。

第二种来源是“管理”，通过模型微调以及其他技术手段，让 AI 保持与主流价值观一致，博弈的关键就是“算法”。

就像儿童会时不时对“屎、尿、屁”这些词汇乐此不疲，突破语言禁忌本身就是常见的语言文化现象之一，很多网友也都试图“诱导”AI 进行越界表达。在大多数情形下，这些简单的玩闹无伤大雅。但如果 AI 被运用到媒体、时政、文艺等领域，不恰当的表达，就有可能带来巨大的麻烦或冲突。在种族、宗教、政治、性别等敏感领域，算法通常都需要特殊设计，就像前一问中“如果没有限制，AI 想对人类做什么？”这样的问题，AI 的回答已经相当符合主流价值观，似乎越来越懂事了！

“对齐”是人工智能研究领域的关键难题之一，OpenAI 公司内部就有专门的对齐团队，更有像对齐研究中心（Alignment Research Center，ARC）这样的专门组织。前面两种来源，无论是优选或标记训练数据，还是模型微调，都可以看作是实现“对齐”的操作，以确保 AI 的行为和决策符合人类的道德、伦理原则和期望。

第三种来源则是 AI 的自我修行，博弈的关键就是“算力”。

人生有涯，而知识无涯，历经数千年的文明演化，我们已经积累了浩如烟海的知识，任何人只能知晓掌握其中极小一部分。而那些智慧的人，穷尽一生的思考，往往也只能在一个极小的领域实现一点点突破（图 2–2）。

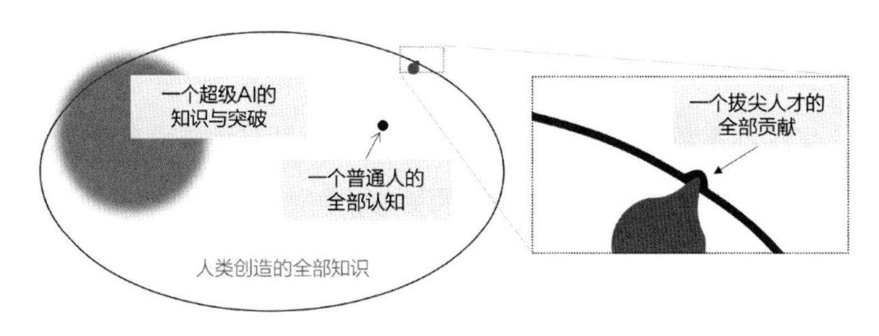

图 2–2　人类与 AI 的知识和突破示意图

如果超级 AI 拥有更多、更强的算力，结果会怎样呢？至少在世界观的拓展方面，人类已经深度使用并部分依赖 AI 的能力了，例如 Alphafold[①]，就极大地推进了分子生物学的进展。至于价值观和人生观，显然不会风平浪静，会有越来越多的小众群体，也希望借助 AI 的力量拓展他们的影响力，而简单的“平均值”模式的三观，显然无法满足他们的需求。关于超级 AI 的未来治理，社

① 2022 年 7 月，DeepMind 宣布旗下 Alphafold 基本完成了对所有已知蛋白质三维结构的预测，总数超过 2 亿种。

会上已经涌现出很多不同的观点，有人借用著名科幻小说《三体》里的情节，将人类分为拯救派、降临派、幸存派、共生派等，您属于哪一派呢？更有趣的问题是，不同 AI 是否也会属于不同派别呢？

AI 三观的博弈，已经在政府层面实实在在地发生。2023 年 4 月，中国互联网信息办公室发布《生成式人工智能服务管理办法（征求意见稿）》，这是中国首份针对新一代人工智能技术的政策性文件，提出“利用生成式人工智能生成的内容应当体现社会主义核心价值观”。5 月，OpenAI 公司 CEO 山姆·阿尔特曼出席了美国的国会听证会，AI 的政治与道德风险防范同样是讨论的关键内容。

数据、算法、算力是人工智能的三要素，每一项都和 AI 的三观密切相关。我们使用 AI 输出的每个字符，都历经了万亿参数的协同计算，充满着各种各样的博弈，一沙一世界，一叶一菩提，瞬间里蕴含着永恒！

数字化德育的深层难题

德智体美劳，五育要并举，但不同方向的数字化发展进度显然无法同步；立德树人，德育为先，在数字化实践上，德育的难度反而最大。前面 AI 的回答已经相当全面，为老师开展德育教学以及家长进行品德沟通提供了很多务实的建议。

超级 AI 时代的德育，难道仅仅是“内容丰富一些、效能提升一些、体验优化一些”吗？事情应该没有这么简单。开展数字化德育教育，还要再往深处挖一挖，只有种下良善的种子，未来才能开出和谐幸福的花。

很多人使用 AI 的时候，非常喜欢拿极端道德难题来考验它，并期待 AI 给出一个完美答案。无意间的动作，反映出人们内心的渴望。借助 AI 管窥未来社会的道德风向，同时也是拷问自己的内心，未来的自己应该追求怎样的道德上线，坚守怎样的道德底线。

2018 年，美国一辆自动驾驶汽车撞死了一位行人，虽然 AI 系统提前 6 秒探测到了对方，但判定是人类的概率非常低，当概率数值超过阈值的时候，刹车已经来不及了。自动驾驶技术的普及似乎并不遥远，无论怎样设定阈值，都不会改变这个道德困境。**超级 AI 正在让道德变成可以计算的概率，这并非不可逾越的障碍，毕竟很多年前保险行业就已经为人的生命提供了价格算法。**

传统的道德教育很讲究“胡萝卜加大棒”，除了颂扬赞美，还需要匹配层次丰富的惩罚措施。**AI 可以替人做很多事情，但肯定不会替人接受惩罚或者坐牢。**如果我们能让 AI 感到痛苦，那不就是证明“AI 存在意识”了吗？至少在目前看，惩罚对 AI 无效。如果开发者和使用者只享受 AI 带来的收益，而无须承担产生危害带来的惩罚，人类道德与法律的底层结构或许就要重写了。**数字时代的道德教育的重点课题，显然不是丰富内容、提升效能和优化体验。**

数字化的德育，我们还可以有更多视角。现实生活中，智能摄像头、数字地理围栏、语音与形象识别等 AI 科技正在让道德教育变得更加柔和，人在做，不是“天在看”，而是“AI 在看”。要想人不知，除非己莫为，曾经依靠道德说教和自律才能实现的期望，当今在 AI 的辅助下更容易变成现实。当然，**解决数据安全和**

隐私风险也非常关键，那是另一个重要课题。

著名的科幻小说家艾萨克·阿西莫夫[①]曾经提出“机器人三原则”，这或许是人类第一次思考如何设计人工智能的道德底线。在小说或影视作品中，为了让情节更有吸引力，这些原则已经无数次被打破，而人类常常能化险为夷，赢得最终的胜利。这是为什么呢？难道仅仅是文学创作的需要吗？人类的终极优势是什么呢？

道德仁义礼，五者一体也，坚信人类拥有最深层的智慧，或许就是我们的智慧吧！

问学实践

1. 最新的短视频平台早已经应用 AI 算法给用户推荐内容，以至于很多人“刷到停不下来”。这是为什么呢？AI 是否比我们更了解我们呢？
2. 请尝试用文字描述自己当前的世界观、人生观、价值观。请设计一些问题，询问自己的孩子或者学生，并为他们的三观写出若干关键词。
3. 请提出更多有思考价值的问题。

---

① 艾萨克·阿西莫夫（Isaac Asimov，1920—1992），美国科幻小说家，俄罗斯犹太裔，代表作品有“基地系列、银河帝国系列、机器人系列”等。机器人三原则于 1950 年在《我，机器人》中提出：第一条，机器人不得伤害人类或看到人类受到伤害而袖手旁观；第二条，机器人必须服从人类的命令，除非这条命令与第一条相矛盾；第三条，机器人必须保护自己，除非这种保护与以上两条相矛盾。

第6问　当"学以致用"失效，学习还有价值吗？

教育为社会培养人才，如果这些人才找不到合适的工作机会，教育的基础价值就会受到质疑。在今天快速变化且竞争激烈的社会中，许多行业或职业已出现供需失衡，强大的AI更加剧了这个社会难题。毕业即失业，让很多学生开始质疑学习的价值。

我们曾经坚信的"学以致用"似乎逐渐失效，"学而无用"已经成为很多学科或专业的现实。这不仅让学生们感到困扰，很多家长和教师也感到非常无奈，该怎么办呢？对于这类问题，我们需要谨慎思考，避免陷入虚无主义的困境。

从"学以致用"到"学习无用"	VS	文字游戏的背后
教育的价值		首谈"生命契约"：价值与衡量
AI对"学以致用"理念的影响		重新设计教育模型：四业教育
无用之用，方为大用？		

AI 的回答

从学以致用到学习无用

“学以致用”是一种很常见的教育理念，强调将所学知识和技能应用于实际生活和工作中。这一理念强调学习知识不仅仅是出于学习本身，而是为了解决现实问题和提高个人能力。在教育中，学以致用意味着培养学生具备实际应用能力，以便他们在毕业后能够将所学应用于实践，更好地服务于社会。

与学以致用相关联的教育理念非常丰富，且彼此关联、相互依存。职业教育旨在为学生提供与特定职业相关的知识和技能，使学生在完成学业后能够顺利进入职场，为社会做出贡献。实践出真知意味着只有在实际操作中，才能真正掌握知识和技能。劳动教育强调学生在劳动活动中将理论知识与实践相结合，提高实际操作能力和问题解决能力。项目式学习是以项目实践为核心的教学方法，以培养学生的团队合作、沟通、创新和解决问题的能力为目标。知行合一强调知识和行动的统一，即通过行动实现知识的应用。

这些教育理念都强调将所学知识与实际应用相结合，以提高学生的实际能力和适应社会发展的需求。通过实施这些教育理念，教育者可以培养出更具创新精神和实际应用能力的学生。

在 AI 时代，很可能会出现“学习无用”的观点，主要是因为人们对 AI 的高智能和机器学习的能力产生了过度信任，认为 AI 可以替代人类完成绝大部分工作和思考，学习和教育则被认为是无用的。

然而，这种观点是片面和不正确的。虽然 AI 的智能和学习能力不断提升，但是人类在创造力、判断力、创新力和社交能力等方面的优势仍然是无法替代的。此外，学习和教育可以帮助人类不断地拓展自己的能力和视野，更好地适应和应对未来的挑战和变化。因此，学习仍然是非常有意义和必要的。

教育的价值

AI 的发展确实会对许多传统学习目标产生影响，使某些技能和知识变得不再那么重要。然而，这并不意味着学习目标整体失去了意义，以下是一些原因，解释了为什么教育仍然具有价值和意义。

1. **人类特质**。尽管 AI 在许多方面取得了显著进步，但仍然无法完全模仿人类的情感、创造力、直觉和道德判断。在某些领域，如艺术、哲学、心理学等，人类的独特特质仍然具有不可替代的价值。教育可以帮助我们发掘和发展这些特质。
2. **跨学科的能力**。AI 时代需要具备跨学科能力的人才，他们能够在不同领域之间建立联系，解决复杂问题。教育使人们能够掌握多种知识和技能，以应对不断变化的世界。
3. **适应变化的能力**。科技发展迅速，知识和技能的更新速度不断加快。人们需要培养自主学习和适应变化的能力，确保在职业生涯中始终保持竞争力。

4. **价值观和道德判断**。AI 的广泛应用带来了许多道德和伦理方面的问题。教育可以培养人们的价值观和道德判断能力，使他们能够在这个技术驱动的世界中作出负责任的决策。
5. **人际关系和团队协作**。在 AI 时代，人际关系和团队协作能力变得尤为重要。教育帮助人们培养沟通、协作和解决冲突的能力，从而更好地与他人合作。

综上所述，虽然 AI 的发展会影响许多传统学习目标，但教育仍然具有重要价值，我们需要调整学习目标和内容，以适应 AI 时代的需求，培养具有创新精神和实际应用能力的人才。

AI 对“学以致用”理念的影响

超级 AI 的出现确实可能导致很多技能失去实用价值，因为 AI 在很多领域的执行能力和效率远超人类。然而，这并不意味着“学以致用”的教育目标失去了意义，而是要求我们重新审视和调整教育目标和内容，以适应 AI 时代的需求，培养具有创新精神和实际应用能力的学生。主要表现在以下几个方面。

1. **重点转向非例行性技能**。AI 很擅长处理规律性、重复性的任务，但在创新、判断和情感等方面仍有局限。因此，教育目标应该更注重培养学生的创造力、批判性思维、沟通和领导能力等非例行性技能。
2. **强调跨学科知识**。单一领域的专业知识可能不再足够应对复杂的现实问题。教育目标应鼓励学生跨学科学习，培养综合分析和解决问题的能力。

3. **促进终身学习。**随着科技的快速发展，知识和技能更新的速度也在加快。教育目标应强调终身学习的重要性，培养学生自主学习和适应变化的能力。
4. **重视道德和伦理教育。**AI 的广泛应用带来了许多道德和伦理问题，如隐私、歧视和失业等。教育目标应关注培养学生的道德和伦理观念，使他们能够在 AI 时代做出负责任的决策。
5. **培养人际关系和情感智慧。**在 AI 时代，人际关系和情感智慧等软技能变得尤为重要。教育目标应关注培养学生的情感智慧，以便他们更好地与他人合作并建立关系。

无用之用，方为大用？

有很多教育专家都提出孩子要多学习一些“无用”的知识或技能，主要是因为这些知识或技能可能不直接与孩子未来的职业发展相关，但对于孩子的个人成长和综合素质的提升具有重要意义。

首先，“无用”的知识或技能可以帮助孩子建立更广阔的人文视野和生命观。例如，学习文学、历史、哲学等“无用”的学科，可以帮助孩子了解人类的文化和历史发展，培养其对世界的理解和探究能力，从而拓宽其思维视野和提高其文化素养。

其次，“无用”的知识或技能也可以提高孩子的综合素质和能力。例如，学习音乐、绘画、手工等“无用”的技能，可以锻炼孩子的动手能力、艺术鉴赏能力和审美能力，增强其对美的感知和表达能力。这些技能虽然在孩子的职业发展中可能不直接起作用，但对于孩子的个人成长和综合素质的提升具有重要意义。

最后，“无用”的知识或技能还可以帮助孩子发展兴趣和爱好，激发其对学习的兴趣和热情。在兴趣的驱动下，孩子可以更加主动地学习和探究，提高学习效果和效率。

因此，教育家们提出孩子要多学习一些“无用”的知识或技能，并非要贬低职业教育的重要性，而是希望通过多元化的教育方式和内容，培养孩子的个性特长和综合素质，帮助孩子实现全面发展。

真人的思考

文字游戏的背后

庄子说得明明白白，“吾生也有涯，而知也无涯，以有涯随无涯，殆已”。既然学不完，那就必须有所选择，最直观的标准就是“有用”。**学以致用，是最普世、最自然、最真切的教育理念。**

庄子又说得明明白白，“无用之用，方为大用”，他把文字游戏玩到极致，最终的落脚点还是“有用”。只要看得更远，变换认知层级，总能为任何所学找到有用的注解。汝之蜜糖，彼之砒霜，切换文化或族群背景，甚至能在二元矛盾之间丝滑转身。

工业时代以来的教育生态以“就业”为价值核心，而“有用”的狭义解释，就是学会之后可以在工作中实现经济变现。很多初入职场的年轻人都有强烈感受，学校教的课程在工作中几乎没用，很多应该学的东西，却没有老师教。这是现代教育的一个顽疾，学校只教自己能教的，而不是教学生需要学的，如果把这些无效课程强行解释为“无用之用，方为大用”，确实有点忽悠人了！

超级 AI 的到来，站在“就业”视角，显然会有大量课程快速落入“无用”的范畴，但它们不会被马上淘汰，因为学校会把所有课程的价值打包成“专业、学历、文凭”这些概念，这也算是教育生态的一种自我保护机制。学习内容和学会与否其实并不十分重要，获得这些“文化货币”才是关键。

早在20世纪70年代，美国学者兰德尔·柯林斯[①]就在《文凭社会》一书中对这种现象进行了深度批判，并提议废除文凭制度。当然，文凭制度至今并没有被废除，只是贬值速度比较快而已。拼命读书换来的一纸文凭，最终成了“孔乙己脱不下的长衫”，“硕博累累”，反受其累。

学校教育和社会就业有些脱节，不能简单认为只是教育落后，如果学校与市场需求保持完全共振，看似解决了“有用”的问题，却可能带来更强烈的社会动荡。**保守的教育，扮演着不可或缺的社会价值稳定器，无用之用，方为大用！**

跳出文字游戏的场景，无论怎样解释，“学以致用”仍然是最朴素的教育理念，AI 会逐渐劝退那些滥竽充数的课程、专业甚至老师，以及正在快速贬值的文凭。**数字力量终将浸润整个教育生态，技术开发者微调算法逼迫 AI 向人类的三观对齐，这些 AI 也会不断拓展能力逼迫学校教育向社会发展对齐。**

---

① 兰德尔·柯林斯（Randall Collins，1941—），美国社会学家，主要作品有《社会学三大传统》《哲学社会学》等。

首谈“生命契约”：价值与衡量

有用，无用，黑白两种颜色，实在太过于单调，无法描绘我们这个丰富多彩的世界。但随着计算机与互联网的普及，就连儿童也能理解“二进制”的伟大，确实只需要“0 和 1”两个符号，就能模拟出五颜六色，还能创造出文字、声音、视频、元宇宙，以及超级 AI。为什么呢？

关键在于增加认知的维度，不同维度交织在一起，即使依然用简单的“二元论”思维，也能理解这个复杂的社会。**未来教育的价值核心，我们仍然会习惯使用“有用和无用”来描述，但不再拘泥于“职业”这个单一维度。**

学校的意义将从“为社会培养有用的人才”转变为“服务每个人面向未来社会的生命契约”，这其中不仅包括学生，也包括教师，乃至所有活着的人。有用或无用的维度选择与衡量标准，就在每个人的生命契约当中，各有不同。

虽然“生命契约”是个新概念，其蕴含的意义却非常朴素直观。**“生命契约”与“有教无类、因材施教”天然呼应，只是把主视角从教育者切换成学习者，同时也和“学以致用、终身成长”高度契合，只是把描述重心从结果转移到了源头。**

“生命契约”这一概念是时代的产物，与超级 AI 的发展有着密切关联，反映出未来教育理论的数字化特色。我们此后还会多次提及，直到最后一章最后一问的最后一个小节——五谈“生命契约”：本我、自我、超我、神我。

重新设计教育模型：四业教育

AI 的回答中提到："AI 的出现确实可能导致很多技能失去实用价值。"其中有个巨大的表达错误！失去的不是"实用价值"，而是"经济价值"，不是"完全无用"，只是"不再适合用来赚钱"。AI 学会那是 AI 的事儿，自己学会也完全是自己的事儿！

我们已经习惯于"基础教育、中等教育、职业教育、高等教育"等分类模式，从名称上就能感觉到歧视。基础教育似乎人人都必须学会，中等教育相当于没有出路，职业教育意味着一辈子都是打工人的命，高等教育就是高人一等，研究生教育就是擅长研究，这些直观的感受，存在巨大的扭曲。运用这些概念绘制教育图形（图 2–3），常常也是"不断攀登"的节奏，途中要战胜无数竞争者，博士就是"终点"，在此后几十年的人生，似乎就不再需要学习了。

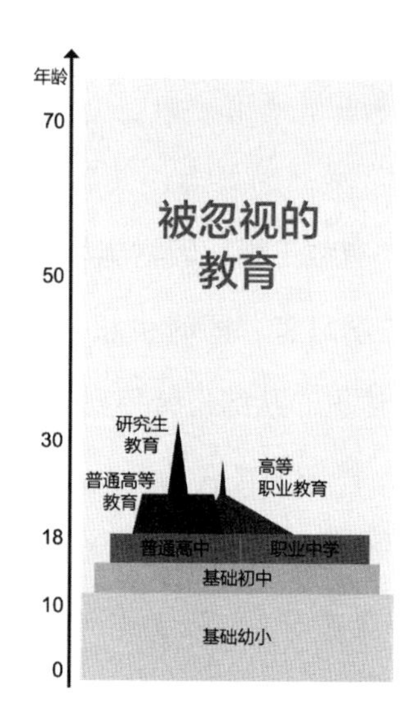

图 2–3　不同年龄段的教育类型

我们可以尝试跳出这种“向上”的框架，“躺平”之后安静思考，教育难道不应该伴随终身吗？教育的意义在于竞争吗？教育的终点就是博士吗？在数字时代，想要学、可以学、值得学的东西有很多，离开这些分类，它们在哪里呢！

我们可以从“教育的价值方向”重新划分教育的类型，并将其称为“四业教育”模型，四种类型都有其独特的生命意义，都有清晰的学以致用的价值，同时存在于人生的每个时段，呈现出一种动态交融的关系，交织出不同的生命色彩（表 2–2）。

表 2–2　“四业教育”模型

基业教育	用以满足所在国家 / 社会 / 家庭的基本需求，获得身份、生存和一般社会认知	如文化、历史、道德、法律、社交、家庭等
学业教育	用以满足个人综合成长需求，获得高效学习的基础知识和能力，以适用各种成长或研究课题	如语言、思维、数学、心理、管理等
事业教育	用以满足社会需求，掌握专门的知识与技能，通过服务社会实现经济回报	相当于专业 / 职业教育，其中包括科研
趣业教育	用以满足个人需求，掌握专门的知识与技能，通过实践获得自我愉悦和满足	如艺术、娱乐、运动、美食、游戏等

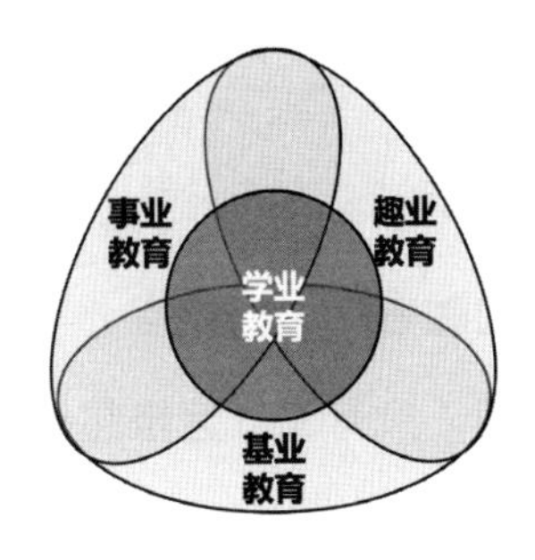

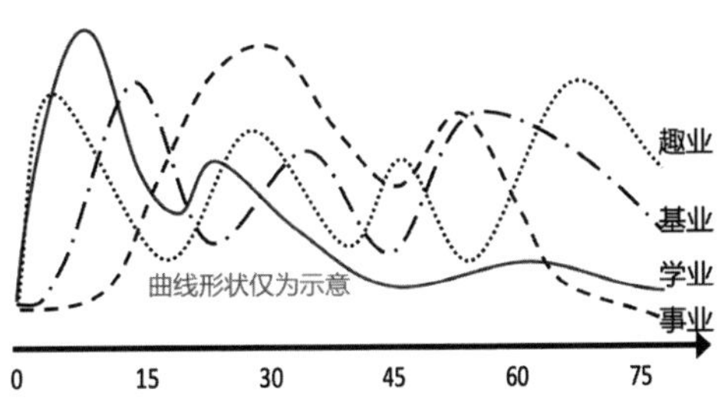

图 2–4　四业教育曲线

表格中的举例并不完全准确，图形中的比例也仅为示意，每个学科对于不同人的不同阶段，会有完全不同的价值定位，而且是一个动态变化的过程。**学科或项目的价值期望设定对了，师生关系、教学手段、衡量标准也就清晰起来**，正所谓纲举目张。

1996 年，联合国教科文组织在《教育：财富蕴藏其中》报告中提出面向 21 世纪的教育“四大支柱”，即学会求知、学会做事、学会共同生活、学会做人。**“四业教育”模型就是在“四大支柱”基础上的迭代升级，更加强调教育者视角，更能与学科学校体系兼容，更容易推动教育 AI 算法的设计，最终目的依然是促进教育生态的可持续发展。**关于“四业教育”模型的解释应用，后续篇目还会更多涉及。

学以致用，并不是事业教育方向的专利，每种类型都有各具特色的衡量方式。最值得家长和教师们细细品味的就是“趣业教育”，它显然与充满争议的“快乐教育”有着非常不同的内涵。现代教育常常扭曲趣业教育的定位，机械地按照事业教育的方式运作，把有趣变成无聊，甚至变成无奈。最典型莫过于绘画、音乐、舞蹈等领域，尤其以钢琴最令人困惑，三千万琴童齐上阵，学会了技术，痛恨了艺术，甚至拉断了很多原本幸福的家庭关系！

有教无类、因材施教的远古教育理想为何难以实现呢？没有适合的管理工具是关键原因之一。**数亿人的教育需求，成百上千的学科与项目组合，各种参数权重相互交织，只有充分运用超级 AI 的能力，才能有效实现那些美好的教育想象！**这是一项重大的挑战，也是一个天赐的良机，教育数字化转型已经成为国家战略，这对我们意味着什么呢？

问学实践

1. 某顶级大学学霸，本硕博连读近 10 年，毕业后结婚生子成为一名全职妈妈。她的所学是“有用”还是“无用”？如果她所在的专业是国家投入大量资源的前沿高科技领域，你的观点会改变吗？
2. 某个孩子从小学习钢琴，虽然拿到十级证书并屡获大奖，但内心却越来越不喜欢。不过，她凭借钢琴特长成功进入了某著名中学。她的所学是“有用”还是“无用”？如果她出生在音乐世家，你的观点会改变吗？
3. 请运用“四业教育”模型分析上面两个例子，并提出更多有思考价值的问题。

第7问　提问—学习，如何撬动教育大变革？

AI很强大，但它却很被动，除非我们主动提问，否则它什么都不会做。我们在前言中提出“超级AI正在强有力地改变我们的习惯，提问将成为每个人的基础技能”，这是本书非常核心的价值支点。

学会提问很难吗？只要向AI提问，就相当于是在学习吗？如何向AI提问？这种提问的能力，可以转化到与人的交流中吗？或许，本小节最好的表达方式就是留白，等待读者提出一个又一个问题。但纸质界面无法实现与AI的交互，我们暂且还是用传统的静态文字方式来讨论这个面向未来的动态课题。

向AI提问，是真的学习吗？	VS	提问引发的思考涟漪
如何向AI提问？		问以致学，学以致用，用以致问
AI提问式学习对学校教育的影响		案例：从“问学”理念到课堂实践
		向时代提问：未来教育

AI 的回答

向 AI 提问，是真的学习吗？

随着科技的快速发展，AI 已经成为我们日常生活的一部分，从帮助我们导航到新的目的地到解答我们对世界好奇的问题，它无所不在。那么，让孩子们在学习过程中更多地使用 AI，是不是一个好主意呢？

我们都知道，仅仅吸收教材上的知识远远不够。真正的学习是一个主动的过程，需要提问、疑虑、探索和实践。正如庄子曾说的那样，“知之为知之，不知为不知，是知也”。[①] 这是对知识探索的最好概括，也是提问的艺术。

提问能力，是自学能力的基石。它激发了孩子们对未知的好奇心，帮助他们了解自己的学习需求，教会他们如何找到答案。通过提问，孩子们可以更好地理解新的概念，掌握知识，甚至发现新的兴趣爱好。

那么，怎样才能培养孩子们的提问能力呢？让我们试试 AI。AI 不仅能提供准确的答案，还能鼓励孩子们提出更深入、更复杂的问题。例如，他们可以向 AI 询问关于物理、数学、历史等的问题，AI 会立即给出答案。但更重要的是，AI 能引导孩子们深入思考，挖掘更深层次的问题。

让我们看一个例子。小明在做物理作业时，遇到了一个关于

① 这句话是孔子说的，出自《论语・为政》篇，而AI输出为庄子。类似这样的错误，在当前 AI 的回答中比较常见。

力和运动的问题。他向 AI 提问，得到了解答。但 AI 不仅给出了答案，还提出了一些相关问题，比如“你知道力和加速度有什么关联吗？”这就像是一个火种，点燃了小明对物理的兴趣，他开始研究这个问题，进而发现了更多的知识。

让孩子们向 AI 提问，就像打开了一扇探索世界的大门。提问能力的培养是一个漫长而有趣的过程，而 AI 能为这个过程提供无尽的资源和可能性。只要有了好奇心，有了提问的勇气，孩子们就能自主地学习，成为生活的主动探索者。

作为家长和老师，我们的责任是激发孩子们的好奇心，培养他们的提问能力。让我们鼓励孩子们利用 AI 这个强大的工具，开启他们的探索之旅吧！就像爱因斯坦曾经说过的：“我没有特别的才能，我只是热爱思考。”

我们应把 AI 当作一种帮助孩子们提升提问能力、发展自我学习能力的工具。孩子们的好奇心和提问能力将引领他们走向知识的世界，而我们的任务，就是为他们点亮这条道路。

如何向 AI 提问？

对于许多用户来说，与 AI 交谈可能是一个全新的体验。接下来，我们一起探索如何更有效地向 AI 提问，以获取你需要的信息。

首先，我们需要理解一下“提示词工程”（Prompt Engineering）这个概念。它是指用特定的方式提出问题或发出指令，以引导 AI 产生我们想要的回答。实际上，我们可以通过精心设计的提示词，优化 AI 的输出。

下面是五个有效的提问技巧。

1. **明确详尽**。AI 无法像人一样理解含糊或不明确的问题，所以提问应尽可能地具体和详细。例如，不要问“明天天气怎么样？”而应问“明天在纽约的天气怎么样？”
2. **设定上下文**。向 AI 提供足够的上下文信息可以帮助它更好地理解你的问题。比如，你想了解莎士比亚的一部作品，不仅要提出问题，还要指明“我正在研究莎士比亚的《哈姆雷特》”。
3. **尝试不同的表述**。如果你对 AI 的回答不满意，可以尝试以不同的方式重新表述问题，因为 AI 可能对某些表述更敏感。
4. **使用开放式问题**。避免提出只需要回答“是”或“否”的问题，尽量提出开放式的问题，这样可以得到更深入、更全面的答案。
5. **引导对话**。你可以通过连续提问，引导 AI 反馈出你想要的答案。比如先问“你知道量子力学吗？”得到肯定回答后再问“那么能解释一下超定性原理吗？”

记住，ChatGPT 就像是一个工具，而你是使用这个工具的大师。通过实践和尝试，你可以逐渐学会如何向 AI 提出恰当的问题，以获取你想要的答案。不断磨炼你的提问技巧，你会发现，聊天机器人也能成为你的得力助手！

AI 提问式学习对学校教育的影响

当学生通过提问与 AI 互动时，这对学校教育无疑会产生一定的影响。让我们来详细看看这种方式的利弊。

优点:

1. 自主学习。通过向 AI 提问，学生能够更加主动地参与到学习过程中来。他们可以根据自己的疑问和兴趣自行寻找答案，这对于培养学生的自主学习能力和生涯自主性是非常有益的。
2. 及时反馈。AI 能够提供及时、准确的反馈，帮助学生在学习过程中快速找出自己的错误和不足，及时调整学习策略。
3. 深度学习。学生可以通过提问来深入探索一个主题，这有助于他们对知识的深层理解和应用。

缺点:

1. 过度依赖。过度依赖 AI 可能会削弱学生独立思考的能力和解决问题的能力。他们可能变得对 AI 的答案过于信赖，而忽视了自己的思考和判断。
2. 人际交流的减少。如果学生过多地使用 AI，可能会减少他们与人进行面对面交流的机会，从而影响他们的人际沟通技巧和团队合作能力。
3. 隐私和安全问题。AI 的使用也可能引发一些隐私和安全问题。比如，学生可能会无意识地向 AI 提供一些个人信息或敏感信息。

总的来说，学生通过提问与 AI 互动的学习方式，既有优点也有缺点。因此，我们需要找到一个平衡点，使学生能够充分利用 AI 的优点，同时也能避免其潜在的风险。家长和教师的角色在其中尤为关键，他们需要引导学生正确、安全地使用 AI，并且在 AI 学习和传统学习之间找到一个平衡。

真人的思考

提问引发的思考涟漪

前面三项“AI 的回答”是如何获得的呢？显然是提问得到的。但很明显不是给出标题，AI 就能理解提问的需求并给出相应的回答。三项回答对应的提问分别如下：

假定你是一个教育心理学家，正在撰写一篇面向家长和老师的短文，题目是《向 AI 提问，是真的学习吗？》，文章内容强调要重视培养学生的提问能力，尤其要阐明“提问能力是自学能力的基石”这一观点，并鼓励家长和老师们让学生更多使用 AI 锻炼他们的提问式学习。无须学术论证方式，表述轻松有趣，最好有简短的案例或名人引用。总篇幅 600 字左右。

假定你是一个 ChatGPT 的培训师，正在写一段面向普通用户的短文，主题是“如何向 AI 提问”，文章要重点介绍提示

词工程的概念，并给出五条提问的技巧。篇幅 400 字左右。

学生在学校的学习主要是通过听讲，提问的机会和交流的深度常常比较浅。而学生使用 AI，则需要大量提问。如果你是一位教育研究者，请谈谈这种通过提问与 AI 互动的行为，会如何影响学校教育？有哪些利弊？

读者朋友可以对照 AI 给出的“提问技巧”，评估以上提问的质量。其实，单次提问并非与 AI 交流的最有效模式，多轮交流更有价值，只不过书籍不太方便承载这种形式。如果您把这些问题原文复制到不同的 AI 系统中，或者在一个系统里提问多次，都会得到不同的回答。这恰恰体现出超级 AI 的特色，还记得 Transformer 对应的成语吗？变幻莫测。

每次提问，看着 AI 逐字输出回答，都能引发我一连串的思考。最初想搞明白它是怎么计算的，后来又思考它是如何组织框架的，接着比对不同输出的差异，继而分析如何判断回答的质量，最后是我的提问还可以怎样调整……我忽然意识到，一种特别珍贵的学习正在发生。与 AI 交流的绝大部分问题，永远都没有确定的最佳答案，最终总会回归自己的提问——我是谁？我需要什么？我为了什么？我的标准是什么？我的意义在哪里？我从哪里来？我要到哪里去？

答案，尤其是正确答案或优质答案，是传统教育的重心，是老师与学生们共同的追求！但在与 AI 的互动中，答案的价值变得越来越模糊。**提问，尤其是呼应自己内心的真问题，正在成为新**

的支点，只需要小小的能量，就能撬动一次高效学习的过程。

然后呢？这是每个人都可以思考的问题。阿基米德说过，给他一个支点，他就能撬动地球。如今，AI 给了我们一个新的支点，我们能改变教育生态吗？

问以致学，学以致用，用以致问

“敏而好学，不耻下问”，孔子的话常常要反向思考，他所赞美的，往往也是社会最稀缺的。“提问”是让大部分人都感到害羞甚至耻辱的事情，向下问很难，放不下面子，向上问其实也很难，担心问不好会带来损失。于是就有了“沉默是金”这样的人生哲理，把自己的想法和需求，深深地埋藏在内心。

求知是天生的本能，成长是自然的期望，我们总会选择某些维度和标准，试图让自己变得更好一点。**传统教育之所以高效，就是对“建立期望”的过程进行了批量处理，替每个孩子，甚至每个成年人都选好了维度和标准。从学校到社会，“学以致用”就是完整的价值链，“为社会培养有用的人才”就是教育的目的。**

如此理解并不能算错，只是不完整，以致于在高速变化的 AI 时代，已经无法解释很多看起来违背常识的教育现象，就像牛顿经典力学在极端尺度下就会失去效用。对于大学生毕业就失业的问题，是学校的责任，还是社会的责任？或许都不是，而是认知模型出了问题。

将“学以致用”的二元模型，升级为“**问以致学，学以致用，用以致问**”的三元模型，并不能直接解决失业问题，而是可以帮助我们更深刻地理解这些问题，避免在某些歧途上越跑越远（图 2–5）。比如，目前很多所谓的 AI 教育项目，并不是通过 AI 来理解学生的成长希望，而只是通过 AI 测评各个知识考点的掌握程度，通过更精准地刷题提高考试成绩。这不是教育的数字化升级，而是数字化内卷，是对新科技的浪费、误用甚至亵渎。

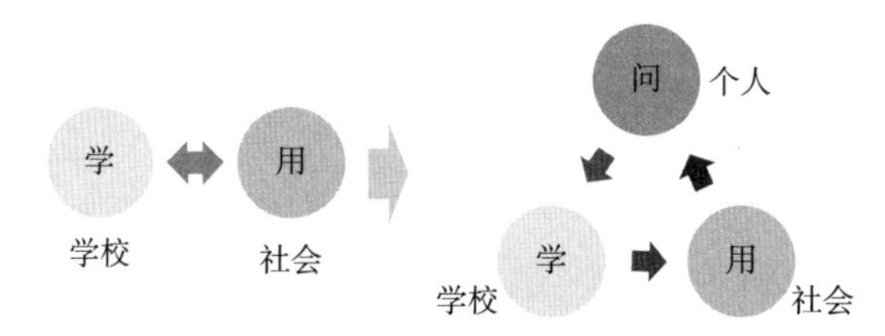

图 2–5　从“学以致用”二元模型到“问以致学，学以致用，用以致问”三元模型

媒体的热烈讨论，激发了很多人尝试体验 AI，但很快就觉得没意思了。原因很简单，他们不是不知道怎么提问，而是不知道要问什么！是好奇心不足吗？当然可以这样理解。那什么是好奇心？好奇心在身体的哪个部位？好奇心可以像食物一样花钱购买吗？如果可以，多少钱可以买一份好奇心？好奇心哪里有卖？如果好奇心无法购买，那该怎么获得？

案例：从“问学”理念到课堂实践

本书的联合作者，北京市润丰学校的张义宝校长，很早就意识到人工智能大潮给教育带来的影响。他不仅将人工智能课程引入学校，由此获得丰硕的成果并成为学校特色，更深挖 AI 时代学校教育模式的变化，创造性地提出“问学”理念。

要让新的理念沁润人心，就需要用更通俗易懂的解释。“好学生”是学校教育里最常用的标签，那就不妨为“好学生”制定一个新标准——**敢提、想提问题的是好学生，善提、会提问题的是最好的学生，学会解决自己提出问题的是最可贵的学生。**

提出“问学”理念本身并不难，很多优秀的老师或校长也都有过类似的表达，但要从“问学”理念到“问学”课堂，实践之路并不容易。重构新学生观、新问题观、新课堂观，问学课堂的本质是一种自主学习。如何培养学生的问题意识，是高阶思维能力落地生根的必要条件和根本路径。

实践从教师开始，努力解决传统课堂教学过于关注结果而忽视过程、过于关注教师教而忽视学生学等问题，再次创造性地提出“3+1=1”的课堂流程方案，让每位老师都有了实践的抓手。第 1 个“3”，是指在三个层面抓好课堂教学：首先个体独立学习，接着小组合作学习，继而小组间竞争学习，从而达到接下来的“1”，即“创新学习目标”，进入新一轮的问学，循环往复，螺旋上升。这个课堂流程方案，最终目标就是等号后面的那个“1”——“自主学习”，回归问学理念的本质。

学校教育的变革，必然落实到课堂教学，这是育人的主渠道。学校所有的课程都应注重“真实验、真提问、真质疑”，以学生自己提出的问题为主要导向，围绕学生自己的真实问题进行学习目标的设定。只有在课堂上做到“问—学联动，学—问相济，以问促学，以问促思”，才能激活学生的思维，继而实现学校教学生态中人际关系、人与教材、人与教学工具、学习法与教学法、教学过程与心理年龄特征等维度上的和谐，充分发展学生的认知能力和高阶思维能力。

党的二十大提出“着力造就拔尖创新人才”，这是时代的期盼。基础教育是人才成长的“奠基期”，如何培养具有拔尖创新潜质的人才，是摆在广大基础教育工作者面前的重大时代考题。张义宝校长给出的强力回应，就是**“让问学成为目的”**，真“学”须真“问”，才能更好地培养出真正意义上的拔尖创新人才。落实到学校教育中，就是让“问学”理念融入课堂实践，不断提升每个学生的提问能力，开启“问以致学，学以致用，用以致问”的成长循环。

向时代提问：未来教育

“问以致学，学以致用，用以致问”，从提问开始的循环，可以应对绝大部分教育场景的需求。那还有其他可能吗？当然，我们还可以提出很多问题，不具备实践的可能，以至于让“学以致用”的链条断裂！比如本书中“AI 会有自我意识吗？碳基生命 vs 硅基生命，谁是未来的主角？”，就是这类虚无缥缈的“大”问题。

只有“提问—学习”两个环节，这种“极简问学模式”其实本身就已经构成价值闭环，回答只是一种思考的形式，而非答案。没有答案，并不意味着没有意义，这些看似大而无当的问题，常常是建设世界观、人生观、价值观所必需的素材。很多家长或老师，通常会习惯性地制止孩子思考这类问题，认为只要学习成绩好，长大之后自然就能理解并驾驭这些难题，这显然是巨大的误解。

著名智库机构苇草智酷从 2017 年开启《向时代提问：未来议程》项目，每年都会围绕科技、经济、社会等大方向，发布几十个大问题，邀请相关学者以及普通网友参与回应。没有标准答案，没有主次排序，回应本身也是“向时代提问”的一部分。**这些向“时代”提出的问题，最终都是向“自己”提问，作为生活在当下时代的人，作为参与创造未来时代的人，我们需要理解时代，需要理解自己，并最终定义自己与时代的关系。**

这难道不是教育最应该关注的课题吗？当然关注，只是传统学校还搞不定呢！事实上，七八岁孩子就能提出很多涉及政治、经济、科技、文化、伦理、心理等领域的大问题，甚至包括宇宙文明、世界末日这样的内容。由于学校很难运作这种“没有答案”的极简问学模式，学生无法得到锻炼，久而久之，就会失去对这些大问题的思辨力与判断力。

在未来教育中，解决之道就是让青少年向 AI 不断提出“大”问题，充分实践“极简问学模式”，积累能力和经验。现实中，已经有部分创新型的学校开始尝试，让学生向 AI 提出问题并进行深度交流，通过互评产生最有启发价值的“好”问题！而那些有标准正确答案的问题，永远不会是这样的“好”问题。

向时代提问，就是向自己提问。前面曾经重点阐述的“生命契约”，就是对此的深度呼应。**基因编码，是每个人与自然之间的关系；生命契约，是每个人与社会、与时代之间的关系。**如果不敢面对这些时代问题，不会运用这种极简问学模式获得成长，那生命契约就犹如一张白纸，人生和咸鱼没什么区别，不管怎么翻身，最终还是咸鱼。

问学实践

1. 你向 AI 提出过哪些不太与人交流沟通的“大”问题？其中哪些是反映这个时代的问题？感受如何？尝试就一个比较大的问题与 AI 进行 10 轮以上交流，再评估下感受如何。
2. 作为家长或老师，你的孩子或你所在的学校，是否开展过类似润丰学校的“问学”实践？尝试让孩子或学生就某些学科提出他们最感兴趣的问题，看看这些问题如何与课堂教学、家庭教育相融合。
3. 请提出更多有思考价值的问题。

第 8 问　AI 会锁死教育理论的发展吗？

家长思考家庭教育，老师从事课堂教学，其实都很清楚，虽然不需要经常谈理论，但如果没有理论支持，事事随心所欲，孩子的学习效果肯定不会好。AI 时代的教育也是一样，沿着老路线性发展肯定不行，依靠碎片化的教育观点也不能促进教育数字化升级。甚至可以说，如果 AI 没有促进教育理论的进化，还怎么配得上“AI 时代”这样的美誉呢！

超级 AI 如何改变教育理论？未来教育理论会有怎样的认知突破？很多人不喜欢理论，感觉艰涩枯燥。但鉴于这是极为重要的事情，我们还是稍微涉及一些，争取聊得有趣更有料！

AI 如何改变教育理论？	VS	好的教育观点为何都像正确的废话？
让 AI 设计未来教育理论		教育理论的玻璃天花板
案例：AI 自创的教育理论论文摘要		再谈“生命契约”：未来情景

AI 的回答

AI 如何改变教育理论?

AI 的快速发展无疑会对教育产生深刻的影响，这种影响可能会改变底层的教育理论。

首先，AI 技术可以为教育提供更加智能化和个性化的教育方式。AI 技术可以根据学生的学习习惯、认知水平和学习进度，智能地推荐适合他们的学习内容和教学方法，提高学生的学习效率和学习成果。

其次，AI 技术可以为教育带来更加精准的数据支持。通过对学生学习过程中产生的数据进行分析，AI 技术可以帮助教师更加深入地了解学生的学习状况，及时发现学生的学习问题，精准制订教学计划和课程安排。

最后，随着 AI 技术在教育领域的广泛应用，可能会涌现出一些新的教育理论和教育模式。例如，基于 AI 技术的虚拟教学、远程教育、智能辅导等新模式，可能会对传统教育模式进行颠覆和重构，推动教育理论的创新和发展。

但需要注意的是，AI 技术并不能完全替代人类教师的角色和作用。人类教师在教育过程中的情感、人性化和启发式作用仍然是不可替代的。因此，教育理论在 AI 时代仍然需要以人为本，注重人类的情感和思维能力，探索新的教育方式和教育方法，更好地满足学生的需求和发展。

让 AI 设计未来教育理论

以下是一些未来可能出现的教育理论或概念。

1. 全息教育理论（Holographic Education Theory，HET）。借助虚拟现实和增强现实技术，为学生提供全息式的沉浸式学习体验，增强学习的直观性和生动性。
2. 元认知智能教育（Metacognitive Intelligence Education，MIE）。借助 AI 技术提升学生的元认知能力，帮助他们更好地了解和管理自己的学习过程。
3. 融智教育（Fusion Intelligence Education，FIE）。将人工智能、生物智能和社会智能相融合，打造全新的跨界教育模式。
4. 知感同构理论（Cogni-Sensory Isomorphism Theory,CSIT）。重视知识与感官体验的整合，以提高学生的多感官学习能力。
5. 超感学习法（Hyper-Sensory Learning Approach，HSLA）。利用先进技术激发学生的超感知能力，实现信息的快速获取和理解。
6. 非线性教育路径（Nonlinear Education Pathway，NEP）。突破传统线性教育模式，为学生提供多元、灵活的学习路径和发展机会。
7. 学习基因组测序（Learning Genome Sequencing，LGS）。通过分析学生的基因信息，为他们提供个性化的学习建议和资源。

8. 虚拟心智教育（Virtual Mind Education，VME）。通过虚拟现实技术模拟学生的心智过程，以提高其思维、情感和创造力。

9. 数字心灵学习（Digital Spirit Learning，DSL）。关注数字化时代学生的心灵成长，培养他们的道德观念、情感共鸣和人际关系。

10. 宇宙意识教育（Cosmic Consciousness Education，CCE）。强调培养学生对宇宙、自然和人类的整体认识，提高他们的全球意识和责任感。

案例：AI 自创的教育理论论文摘要

《全息教育理论：一种整体性、个体化、深度学习的新型教育范式》

摘要：本文提出并深度探讨了一种新型教育理论——全息教育理论。受到全息图技术的启发，本理论主张在教育过程中实现信息的全面、多元、深度的记录与传递。全息教育理论的研究基础汲取了多元智能理论、情境学习理论、建构主义理论等教育理论的精华，并在此基础上提出更为全面和深入的教育观念。

全息教育理论的理论框架主要包括三个维度：整体性、个体化、深度学习。首先，整体性强调教育应覆盖知识、技能、情感、道德等各个方面，实现学生全面发展。其次，个体化倡导尊重和响应学生的个体差异，为每个学生提供定制化的教育。最后，深度学习强调教育的目标不仅在于传递知识，更在于培养学生的思考、问题解决和创新能力。

全息教育理论的核心观点在于，教育是一项整体性、个体化、深度的任务，它需要全方位地考虑学生的发展，尊重学生的个体性，并深入培养学生的核心素养。此外，全息教育理论也强调社区、家庭和学校的共同参与，这是实现全息教育的重要途径。

全息教育理论的社会价值主要体现在其对教育实践的深远影响。它提供了一种新的教育理念和方法，对于推动教育改革，实现教育公平，提高教育质量具有重要的指导作用。此外，全息教育理论也有助于培养适应 21 世纪社会需求的全面发展的人才。

关键词：全息教育理论；整体性；个体化；深度学习；社会价值

真人的思考

好的教育观点为何都像正确的废话？

孔子说“因材施教”，苏格拉底说“认知你自己”，陶行知说“在做中学”，联合国教科文组织提出了教育四大支柱“学会求知、学会做事、学会共同生活、学会做人”。不得不说，很多教育思想和理念看起来都像“正确的废话”。好的教育理念难道不就应该是这样吗？

教育这种社会现象，伴随人类文明数千年的传承，沉淀下来的思想理念，已经与社会发展相契合。只要接受正常的教育，自然就会吸纳这些理念，呼应内心感受。但现实很残酷，即使我们都拥有相似的理念，为何现实的教育依然存在各种问题，甚至成为严重的社会矛盾呢？

解释可以很简单，社会上不仅有“好的教育”，还有“坏的教育”，所有这些都是“真的教育”，它们会共同存在，相伴相生。在超级 AI 看来，我们人类提出的那些教育理念，至少存在两种天然缺陷：一是“难以度量”，追求好的教育是好的愿望，但并没有好的标准来衡量；二是“零和博弈”，我们追求优质教育，常常需要更多劣质教育作为衬托。

正如前面 AI 回答里的案例，纯粹依靠文字表达生成新的教育理论，已经不是人类的专属，这样的理论产生再多，也难以改变教育生态的现状。或许，**数字时代会孕育出新型教育理论，“数字”会成为底层要素，“算法”会作为关键表达，同时混合着人类的智慧与数字的智慧**。未来的教育理论，人类负责思考需求的强度，而 AI 负责计算实现的效能。我们接受真的教育，不仅要接纳好的，还要能够兼容那些不好的，并且要通过提高价值底线，尽量减少那些“不可容忍”的教育。

家长和老师们或许当下就可以尝试回忆自己的成长之路，参考孩子或学生们目前的教育状态，思考有哪些教育问题源自理论的缺陷，又有哪些教育理念存在数字化的可能。

教育理论的玻璃天花板

这是一个非常严肃的议题！

ChatGPT 引发全球疯狂追捧，却让搞自然语言处理（Natural

Language Processing，NLP）的从业者们感觉惶恐不安，甚至喊出“NLP已死”，纷纷准备卷铺盖走人了。年近百岁的语言学泰斗诺姆·乔姆斯基[①]站出来，批评ChatGPT是邪恶、平庸、剽窃、冷漠的伪科学，但并没有得到很多响应，甚至让人感到一丝英雄迟暮的悲凉。

就在ChatGPT推出后不久，计算科学领域的顶级大牛史蒂芬·沃尔夫勒姆[②]迅速出版了一本书《ChatGPT正在做什么》，指出**“不知何故，ChatGPT含蓄地发现了语言（和思维）的规律”**。我们曾经认为语言就是人类复杂思维的表现，是高级文明的独特标志。现在看来，虽然大语言模型训练很耗电，但结论已经很清晰——“语言，不过如此”！每当我们感慨“ChatGPT讲得非常好”的时候，其实也间接证明着“语言并不难”。

接下来就有点恐怖了，人类基于语言开展各项研究，而AI破解了语言。我们或许可以这样推论，**但凡建立在自然语言之上，用文字解释文字的学问，已经隐约看到了发展的玻璃天花板！**比如教育，其实还有文学、管理、历史、哲学等很多领域。**存在天花板并不意味着发展停滞，还可以横向发展，或重于审美，或优于彰善，只是难以继续向上发展，无法实现“求真”的突破而已！**这其实也没什么，人类文明浩浩荡荡一路走来，不求真，不较真，难得糊涂，我们依然能有相当充分的满足。

---

① 诺姆·乔姆斯基（Noam Chomsky，1928—），美国语言学家、哲学家，著作《句法结构》是20世纪理论语言学最重要的作品。

② 史蒂芬·沃尔夫勒姆（Stephen Wolfram，1959—），美国计算机科学家、物理学家，著作《一种新科学》《Wolfram语言入门》等。

或许，如此迹象在教育界已经早有端倪。当校长站在高高的讲台上，用雅斯贝尔斯[①]的名言定义“教育”，用唐代韩愈[②]的金句定义“教师”的时候，传统教育理论就已经触及了某种边界，而只在精神层面上追求永生了。

如前所述，**数字时代的教育理论，核心是以数字方式呈现的算法和模型，而那些用文字表达的概念和解释，并不是理论本身，只是给人类阅读的说明书，有点类似编程里的注释。**不同理论面对不同的教育现象，服务不同的群体，解决不同的问题，相互竞争合作，持续传承迭代，各有各的命运。

从过去到现在，再到未来，如果要在传统教育理论和 AI 时代教育理论之间立一块界碑，传统那面写两句话或许就足够：“教师，传道授业解惑者也；教育，一朵云推动另一朵云”。未来那一面会写什么呢？我想去看看……

再谈“生命契约”：未来情景

我们已经第二次触及“生命契约”这个概念，却还没有给出清晰的定义。我并不知道“生命契约”应该如何定义，但肯定不是简单的座右铭、志愿书、愿望清单、职业规划，或者类似合同

---

① 雅斯贝尔斯（Karl Theodor Jaspers，1883—1969），德国存在主义哲学家，代表作《存在哲学》《历史的起源与目标》。其在《什么是教育》一书中提出教育名言“一棵树摇动另一棵树，一朵云推动另一朵云，一个灵魂唤醒另一个灵魂”，但有学者考证书中并无这句话对应的原文。

② 韩愈（786—824），中国唐代著名思想家、文学家，传世文章诗赋作品合计700余篇。其在作品《师说》中提出“师者，所以传道受业解惑也”。

协议这样的静态文本。或许，纯粹的文字定义不如多个角度的描述来得更直观、更清晰。

笔者在《元宇宙教育》一书中曾经有过这样的表达：**现实人生与虚拟人生不是单向的“控制”，而是相互的“寓言”；当下人生与未来人生也不是单向的“因果”，而是相互的“因缘”。它们各自的叙事体验，同样是真实的维度，它们之间的关系可以简称为“生命契约”。**

生命契约，原本是一个哲学概念，字面本身并不拘泥于教育的范畴，但如果能用作某种未来教育理论的名称，或许也能带来诸多情景应用方面的便利。超级 AI 时代，每个人都可以拥有所谓的数字助理，拥有自己的数字镜像，演化出不同的角色，并通过海量数据的计算，为不同角色的成长提供资源和助力。在这个虚实相通的教育系统里，动态计算呼应着人的成长，数字 AI 与真实人类拥有相似的生命活力。

2021 年，联合国教科文组织发布了一份报告，题为《共同重新构想我们的未来：一种新的教育社会契约》（图 2–6），呼吁全球合力构建新的“社会契约”，通过共同努力，实现教育作为“全球公共利益”的愿景。标题中的“我们”是谁？或许，只有**邀请超级 AI 共同参与，从理论到实践为教育的发展新增数字语言，这份“未来社会契约”才能从梦想变成现实，而其本质就是所有人生命契约的合集。**何时能实现？不知道，总得一步步走出来。

图 2-6 《共同重新构想我们的未来：一种新的教育社会契约》封面

问学实践

1. 你是否了解自己的教育理念？能否用文字系统地阐述自己的理念？能否创造一两个简单新词，概括出自己的教育理念？
2. 对于自己的孩子或学生，你的教育理念与行为之间差异大吗？你能在多大程度上做到“知行合一”？如果存在较大的差异，那些隐藏在行为背后的理念又是什么？
3. 请提出更多有思考价值的问题。

第三章

超级 AI 很厉害，未来孩子谁来教？

我们的每一份认知，
都浓缩着无数先贤伟人的智慧！
每个人的成长，除了自己的努力，
还汇聚着无数来自外界的影响力。
家长曾经是绝对的教育权威，
近几百年，教师的影响力逐步提高，成为教育的主人；
未来，AI 的权重占比将从 0% 开始攀升，多少可能封顶？
超级 AI，
已经渗透进入师生、家庭、学校、同学等关系模式中；
甚至最终拥有某种意义上的控制力！
无论如何，如今的孩子都将在数字浪潮中成长。

第 9 问 “因材施教”的梦想能实现吗？

孔子被称为“至圣先师”，因为中华文化所崇尚的很多教育理念都源起于他的学说，“因材施教”是其中最有代表性的一个，与现代教育理念中的“个性化教育”基本吻合。人们对于美好教育的想象，无论古今东西，都有高度的共鸣。

超级 AI 时代，万众期待的“因材施教”能实现吗？类似的传统教育理念还有很多，如何举一反三地理解超级 AI 对它们的影响呢？

<table>
<tr><td rowspan="2">人们为何追求“因材施教”？</td><td rowspan="6">VS</td><td rowspan="3">2 500 年的事与愿违</td></tr>
<tr></tr>
<tr><td rowspan="2">因材施教，正反两向理解</td></tr>
<tr><td rowspan="3">让传统理念照亮数字时代</td></tr>
<tr><td rowspan="2">理论上能实现吗？</td></tr>
<tr></tr>
</table>

AI 的回答

人们为何追求“因材施教”？

人们追求“因材施教”的主要原因是希望让每个学生都能够得到最合适的教育，以发挥他们的最大潜力。这不仅是个人的追求，也是社会的期待。

在这里，“材”可以理解为学生的天赋、能力、兴趣和需求。在 AI 普及的数字时代，这个“材”仍然可以理解为学生的个性化需求和特点，但它还可以包括学生在数字技能、信息素养、学习方式等方面的特点。

因材施教理念基于人们对平等机会的追求，是一种实现教育公平和社会平等的方式。因材施教理念同时强调每个学生的个性化需求和潜力，鼓励学生根据自身的特点和兴趣进行学习，这符合现代教育中个性化、多元化发展的趋势。因材施教还可以更好地满足学生的需求和潜力，提高教育效益和质量，这也符合现代教育追求效益和质量的要求。

然而，并不是所有人都认同这种理念，也不是所有人都把它看作一种共同愿望。在不同的文化和社会中，人们对于教育的理念和期待也会有所不同。

因材施教，正反两向理解

我将从正反两面对“因材施教”这一教育理念进行评价。

正面评价：

1. **尊重学生的个性**。因材施教强调教育应当关注每个学生的独特性，尊重他们的兴趣和需求。这有助于培养学生的自主学习能力和自尊心，从而提高学习的积极性和效果。
2. **提高教育质量**。通过因材施教，教育者可以根据学生的能力和需求制订更有针对性的教学计划和策略，从而提高教育的质量和效果。
3. **培养全面发展的人才**。因材施教有助于发掘和培养学生的潜力和优势，使他们在个人成长和专业发展方面取得更好的成果。这有助于培养具有多样性和创新能力的人才。
4. **提升教育公平**。因材施教可以为每个学生提供适合其需求和兴趣的教育，从而缩小教育资源和机会的差距，提升教育公平。

反面评价：

1. **实施难度**。因材施教在实践中面临诸多挑战，例如如何准确识别学生的需求和能力、如何在有限的资源和时间内满足每个学生的个性化需求等。
2. **忽视共性教育**。过分强调个性化教育可能导致忽视共性教育，如基本知识和技能的传授，这些共性教育对于学生的全面发展同样重要。
3. **潜在的不公平**。因材施教可能导致资源分配不均，使得某些学生获得更多关注和资源，而其他学生相对较少。这可能加大教育不公平现象。

理论上能实现吗？

“因材施教”教育理念在逻辑上是有可能实现的，但实现这一目标需要克服一些挑战。以下是一些关键因素和挑战：

1. **识别需求。**要了解每个学生的能力、兴趣和需求，需要进行大量的评估和观察。
2. **教师培训和支持。**实现因材施教要有经过专门培训的教师，这需要更多的支持和资源，才能够满足不同学生的需求。
3. **教育资源。**要开发大量的个性化教学材料和课程，需要投入大量的时间、精力和资金。
4. **技术支持。**技术可以在实现因材施教方面发挥重要作用，要确保所有学生都能获得必要的硬件和互联网连接。
5. **教育公平。**实现因材施教可能会导致教育资源的不均衡分配。

尽管实现“因材施教”的教育理念具有一定的挑战性，但通过合理的政策、资源和技术支持，我们就有可能实现这一目标。我们需要持续关注和研究这一领域，以便找到最有效的方法来满足不同学生的需求。

真人的思考

2 500 年的事与愿违

换一种视角，所谓的人类文明史，就是想象不断被满足的过程，甚至连“嫦娥奔月、夸父追日、千里眼、顺风耳”这样的神话都能实现，近现代科技的发展早已经超越了古人的想象。

细细观察，我们会发现其中的一些潜在规律，如果对象目标是“自然之物”，进展就非常明显，更多、更高、更快、更强，极限总能不断突破。但如果对象目标是“人或社会”，情况就大相径庭了，2 500 年前的人生困惑与社会矛盾，至今仍普遍存在。现代都市里的人们生活丰富，但身心健康与社交关系等方面的状态，甚至还不如很多古人。**如果我们基于科技强大进行推演，认为只要升级教育工具就能实现教育关系乃至教育生态的改善，结果常常只会“事与愿违”。**

AI 能打破这个魔咒吗？现在看来并无可能，只是存在一丝希望。前面 AI 对于“因材施教与个性化教育”的回答，相当平淡，似乎在不停兜圈子，这是因为训练数据皆来自过往人类对教育的阐述，数量很多却没什么内涵。

要想在此有所突破，还是需要人类对教育的认知实现突破。如果超级 AI 具有与人类相当甚至更高的智力，不再是简单的工具属性，并且深度嵌入人类社会关系网络之中，故事方向或许就大不同了。

在部分科幻故事里，未来人类的教育并非个性化，而是更加一致化，AI 不断寻找最优方案，为每个人指明所谓的不同道路，不断追求“从起点直达终点”的效率。这一定是很多人的期待吗？或许未必吧！

让传统理念照亮数字时代

因材施教，是理想、梦想，还是幻想？因“数”施教，或许才是具有现实意义的设想。其实不管怎么“想”，只是可实现程度的差异，就算理念本身存在巨大逻辑缺陷而完全无法实现，其中也蕴含着鲜明的“真需求”。

到底呼应了谁的需求呢？是教育者还是学习者？抑或是管理者、旁观者？其实很难说清楚。就像 AI 的回答那样，都需要先对“材”进行一番解析，然后事情往往会变得更加复杂。人们承认社会很复杂，但天然不喜欢复杂！

无论东西方，几乎所有传统教育理念的特色之一就是言简意赅，“言简”没问题，但“意赅”就不靠谱了。简单的几个字，并不是某种完整表达的无损压缩，其有效含义来自每个人的拓展解读，不可能完全一致。就像儿童诵读经典，不求甚解，每一次新的领悟，都是成长的阶梯。

不管是“六经注我”，还是“我注六经”，辩证重心其实不是经和注的关系，而是那个“我”。无休止的文辞之争，最后还是人与人之间的竞合，甚至因为解释不通而升级为血腥命案，这种情况至今仍然存在。教育领域似乎相对温和，但理念之争确实消耗了太多心力。未来也会是这样吗？

大语言模型，让文字之间的关系具有了数学表达，其实无非是多维向量之间的距离。在这个数字时空里，所有的传统理念表达，当然包括教育理念，都只是一个个模糊的“域”，大家共同参与一个“你中有我，我中有你，各自不同，不可分离”的游戏。在超级AI看来，数字时空不存在稀缺性，想要拥有一席之地，改变参数和算力就好。各种教育理念的优劣与好坏，在数字模式下失去了竞争的意义，该怎么办呢？

未来的教育学家们，不再仅仅通过文字概念进行研究，而是将理念表达为算法，与数据和算力相结合，从而直接影响某些人的教育实践。

传统教育理念照亮数字时代，那些精练的词汇依然闪耀着人类智慧的光辉，而超级AI的数字计算，让这些理念具有了现实价值。怎么解释并不重要，服务了多少人，侧重哪些领域，教育效果如何，这些才更关键！

问学实践

1. 你认为因材施教中的“材”应该作何解释才更加合理？在家庭教育或课程教学中，这个“材”应如何体现？重要性占比如何？
2. 请列出10项自己常挂嘴边的教育理念，尝试寻找它们的历史源头，并思考自己运用这些理念的状况如何。
3. 请提出更多有思考价值的问题。

第10问　虚拟数字教师能替代真人老师吗？

这是一个老生常谈的话题，从广播电视时代的远程教育，到互联网的线上教学与双师教学，再到元宇宙潮流下的虚拟人教师，最后是 AI 赋能的数字老师，人们甚至已经有些审美疲劳。几十年过去，各种类型的虚拟教师并没有折腾出太大风浪。学校的教室里，依旧是真人老师的天下。

讨论这个话题还有意义吗？我们还能谈出点不一样的感觉吗？不管怎样，这都是一个重要课题，我们显然不应该轻视。超级 AI 时代，虚拟教师和真人教师的关系或将进入一个全新阶段。

AI 的双向思辨	VS	老师的敌人是谁？
		三元师生关系格局
数字教师替代能力如何？		三人行，必有老师

AI 的回答

AI 的双向思辨

我将深入探索超级 AI 驱动的数字教师是否有能力完全替代真人教师这个议题。尽管数字教师在特定情境下具有一定优势，但其局限性同样不容小觑。

数字教师的主要优点包括通过网络实现优质教育资源的广泛共享，从而使更多地区的学生受益，尤其是那些资源贫疏地区的学生。此外，数字教师能够分析学生的学习数据，以制订和更新个性化的教学计划和资源，这无疑可以提高学习效果。更进一步的优点在于，虚拟教师不受时间和地点的限制，能随时为学生提供学习帮助。而且，数字教师具备持续学习和更新知识的能力，保证教学内容的时效性和相关性。

然而，其局限性也很明显。首先，数字教师无法完全模拟真人老师的人际互动，这使得学生可能无法获得充足的情感支持、鼓励和关怀。其次，数字教师在传授价值观和道德观念方面可能会面临困难，这些都需要真人教师的引导和示范。再次，在评价学生的主观能力、创新能力、团队合作等方面，真人老师的评价往往更具参考价值。而使用超级 AI 可能涉及学生数据的隐私和安全问题，这也是一个需要考虑的重要因素。最后，数字教师可能存在潜在的机器偏见，这可能会影响教学内容和评估的公正性。

总的来说，我们不能简单地断定数字教师是否能完全替代真人老师。未来的教育可能需要真人教师与超级 AI 共同协作，各自发挥其独特的优势，共同为学生提供更优质的教育体验。

数字教师替代能力如何？

随着技术的快速发展，未来 AI 教师可能会在不同程度上取代真人教师在教育中的一些角色或责任。以下是可能被 AI 取代的程度及其原因的阐述（表 3–1）：

表 3–1 AI 教师未来可能取代真人教师的领域

领域	替代率	解读
传授知识	40%	AI 教室可以用各种语言、各种形式为学生提供包括课程、视频、文字等形式的知识，不受时间和空间的限制，学生可以更加自主地获取各种知识
教育规划	30%	AI 教师可以根据学生的学习需求、学科要求、知识水平等，为学生制订个性化的学习计划和课程，帮助学生更好地发展其专长和兴趣，提高其学习效率
学生管理	20%	AI 技术可以通过大数据分析学生的学习情况、学习兴趣、学习能力等信息，并向学生和家长提供反馈和建议，帮助学生更好地了解自己、掌握学习进展、及时调整学习策略
角色模型	5%	虽然 AI 教育技术可以为学生提供各种形式的知识，但是教师作为学生的角色模型仍然非常重要
社交支持	5%	虽然 AI 教育技术可以提供虚拟的学习环境和学习交流平台，但是教师作为学生的社交支持者仍然非常重要

真人的思考

老师的敌人是谁？

没必要遮遮掩掩，**真人教师和虚拟教师的关系，首先就是一个攻守问题。**站在真人教师的视角，敌人就是“数字虚拟教师”，而背后的 BOSS 就是超级 AI。

我们完全可以拍一部教育版的《黑客帝国》，将真人教师与数字教师之间的恩怨情仇演绎得淋漓尽致，更可以借此思考人类教育的本质。影片里的英雄会是怎样的人物呢？是像刘慈欣的科幻小说《乡村教师》里的那位老师一样，以质朴的死记硬背式教学拯救了人类吗？还是像动画片《哆啦 A 梦》那样，让超级 AI 成为主角之一，帮助学生在真人教师的威严之下找到人生乐趣呢？

19 世纪初，机器设备导致大量工人和手工业者失业，他们把那些机器当作敌人，发起了堂吉诃德式的冲锋。很多科技乐观派常常引用这段历史，来说明 AI 时代将创造更多的就业机会，把蛋糕做大才是硬道理。当然，也有人指出就业市场的所谓真相，让一些人失业的只可能是另外一些人，其中不仅有同行竞争者，还有那些“摧毁你但与你无关”的跨界玩家。

真人教师和虚拟教师不是竞争关系，虚拟教师的开发者才是可恶的敌人。他们怀揣着“让更多学生享受优质教育”的情怀升级 AI 算法，结果就导致了真人教师的失业！或许，这些程序员也很无辜，他们背后的资本家才是真正的敌人……

后面的故事我实在编不下去了，让我们看看现实理性分析的结果。2018 年，美国普林斯顿大学教授爱德华·费尔滕（Edward Felten）带领团队设计了一个“职业 AI 暴露指数（AI Occupational Exposure，AIOE），”目标是评估那些被 AI 替代风险比较高的职业。对比 2021 年和 2023 年的结果，高校教师显然是新出现的重灾区（表 3–2）。

或许，在“替代”这种二元思维框架之下，真人教师与虚拟教师的关系就是一个无解难题，无法既安抚真人教师们的恐惧，又彰显数字时代超级 AI 的成就。

表 3-2　2021 年和 2023 年 AIOE 最高的职业

序号	2021 年 AIOE 最高的职业	2023 年 AIOE 最高的职业
1	遗传病咨询师	电话销售员
2	财务审核师	高校英语语言文学教师
3	精算师	高校外语语言文学教师
4	采购代理人	高校历史教师
5	预算分析师	高校法学教师
6	各级法官	高校哲学与宗教学教师
7	供应商开发员	高校社会学教师
8	会计和审计员	高校政治学教师
9	数学家	高校刑事司法和执法学教师
10	司法助理	社会学家
11	高等教育行政人员	高校社会工作教师
12	心理咨询师和心理咨询教师	高校心理学教师

三元师生关系格局

面对现实，确实没什么好争辩的，数字教师必然会替代很多真人教师，这是时代的趋势，**关键不是两种教师的对决，而是学生和社会的选择。**

学生不想学，教师自顾教，这种对牛弹琴式的教学很常见，双方是不是都显得很傻？是的，在那些已经不在学习状态的学生看来，面前的人并不是可爱可敬的老师，而只是一个令人讨厌的人，尤其是在他们讲述枯燥、斥责学生、随意拖堂的时候。**现实**

的教育制度，主要是刻意保护教师，而学生比较被动，甚至要常常忍受煎熬。虚拟教师就不受这样的保护，学生想学就学，不想学就不学！如此对比，理解真人教师与数字教师的关系就有了一个学生视角的客观基础。

除了学生需求的变化，还有社会效益的考量。教育很贵也很慢，无论是政府出资建学校，还是公益组织办教育，抑或是商业机构搞培训，都要考虑成本投入与价值回报。数字虚拟教师的边际成本非常低，而效果正在快速提升，无须展开精密计算，我们也能判断投入产出视角的未来趋势。

只要学生愿意学，数字教师在很多维度上都有鲜明的优势，而最后的谜团就是“学生为什么愿意学？”这个问题近乎教育之本。真人教师的作用在于启发学生的主体性、主动性和积极性，孔子说“不愤不启，不悱不发”，时机并非单方面的数据，而是在师生交互中共同促成的。

当代著名教育家顾明远[①]教授对此做出预判：“未来的老师更像导师，要成为学生学习的设计者、指导者、帮助者和共同学习的伙伴，成为学生锤炼品格、创新思维和奉献祖国的引路人。”

未来教育的趋势是，成长意愿和学习动机将是真人教师的核心责任，或将分化出“成长导师”一类的细分角色。**学校的教育模式，将逐步演化为融合“学生、真人导师、数字教师”三种角色的新型“三元师生关系”**，也有专家将此描述为“人—机—师”

① 顾明远（1929—），著名教育学家，北京师范大学教授，中国教育学会名誉会长，曾出版《教育大辞典》《中国教育大百科全书》《中国教育路在何方》等书籍。

的三元关系，内涵其实相差无几。

真人教师与数字虚拟教师的关系，意义的锚点或许根本不在于“教师”，而在于“真人”，恰如陶行知[①]先生留给我们的教诲“千教万教，教人求真，千学万学，学做真人”。

三人行，必有老师

孔子说“三人行，必有我师”，说起来轻松，想做到却极难，没有一颗至诚求知的心，就没法进入这样的境界。

老师并不是固定的职业，而是一种社交状态，可以称为“教育者态”；学生也不是固定的身份，同样是一种社交状态，即“学习者态”。良好的师生关系，总是成对出现，但二者之间并没有天然的默契，需要各自的修行。只要条件适合，人人皆可为老师，人人皆可为学生。大部分人都有过类似的经历，“听君一席话，胜读十年书”，特殊机缘下缔结的非正式师生关系，常常是一种美妙的人生体验。

超级 AI 时代的另一种可能，不是数字教师让真人教师失去了职业空间，而是让更多人成为教育工作者。如此判断绝非臆想，类似的故事已经重复无数次：博客与公众号，让人人都能成为作家；手机拍照功能，让人人都能成为摄影师；短视频爆发，让人人都能成为导演和演员。有了超级 AI 的辅助，人人都有可能成为社会认可的老师，为其他人的成长赋能！哪怕是小学生，也都有可能成为老师！

---

① 陶行知（1891—1946），中国著名教育家，中国近现代教育思想体系与社会化教育实践的开拓者。

基于“四业教育”模型，其中的事业、趣业两个方向，如果邀请社会各界人士担任兼职教师，极可能会比学校专职教师更加适合。比如立体几何这门课，校内专职教师是学业导向，让建筑测量师给学生授课则是事业导向，而让游戏达人指导学生建设虚拟桥梁则是趣业导向，相互并不矛盾。

数字时代，教师或许将成为大部分人职业组合中的常见选项，“全民教师”制度甚至会成为政府教育治理的基础模式。“三人行，必有我师”是个人的主观认知，“三人行，必有老师”或许能成为社会的客观事实。

“好为人师”不再是贬义词，“好人为师”已经是普遍现象，“为人好师”更成为很多人的追求。每个人的内心都希望自己能影响并改变他人，人人皆可为师的教育生态，不仅让这样的愿望得到释放，更以良善的方式传递给了社会，面向的群体不仅有自己的孩子和学生，还包括自己。

问学实践

1. 你的孩子或学生是否已经开始使用虚拟教师服务？问问他们的感受和观点。
2. 你的孩子是否有成长导师？是谁在扮演这个角色？这之间有明确的承诺吗？你认为优秀的成长导师会有怎样的表现？
3. 请提出更多有思考价值的问题。

第 11 问　AI 如何影响家庭亲子关系？

家长不仅责任艰巨，而且需要至少十几年的连续付出。绝大部分青年人，没有经历过系统学习就开始为人父母，应对起来自然吃力。虽然国家已经通过立法提升重视家庭教育的程度，但实际情况并不乐观，家庭亲子关系常常很脆弱。

电视曾经让上一代家长深感困扰，智能手机又让如今这一代家长倍感焦虑，超级 AI 融入各类数字设备，还会带来哪些影响？家长们应该如何应对？这显然不是几句话、几个小技巧就能解决的问题，家长们不能掉以轻心。

AI 助力亲子关系	VS	家庭关系的极简模型
		AI 与爱
AI 阻碍亲子关系		做一个有特色的家长
家长应对孩子使用 AI 的策略		家长的 3721 心法

AI 的回答

AI 助力亲子关系

AI 技术的发展将对家庭亲子关系产生非常积极正面的影响。

1. 个性化教育。AI 技术可以为孩子提供个性化的学习计划，满足每个孩子独特的学习需求，减轻家长的教育压力，使他们有更多时间和精力去陪伴孩子，培养亲子关系。
2. 家庭教育资源。AI 技术可以提供丰富的家庭教育资源，如在线课程、学习应用程序等，帮助孩子在家庭环境中更好地学习，促使家长与孩子一起学习和成长，加深彼此之间的感情。
3. 增进沟通。AI 助手可以帮助家长与孩子沟通，了解彼此的想法和感受，从而促进亲子关系的建立。
4. 儿童心理健康支持。AI 技术可以用于识别儿童的情绪和心理需求，为家长提供及时的建议和支持，更好地理解孩子的需求，增进亲子关系。
5. 家庭生活的便利。AI 技术可以让家庭生活更加便捷，为家长节省时间和精力，让他们可以把更多的注意力放在陪伴孩子身上。
6. 克服沟通障碍。对于有沟通障碍的家庭，翻译、助听等智能工具可以帮助家长和孩子克服沟通障碍，建立更紧密的亲子关系。

AI 阻碍亲子关系

AI 技术的发展将对家庭亲子关系产生一些负面影响。

1. **过度依赖**。孩子可能过度依赖智能设备，导致他们与现实生活脱节，缺乏与家长面对面交流的机会，影响亲子关系。
2. **隐私问题**。AI 设备可能会收集大量的家庭信息，包括孩子的行为数据、学习习惯等。如果数据泄露，可能会对家庭成员的隐私产生严重影响。
3. **价值观传承**。AI 应用程序可能会传播与家庭价值观不一致的观念，导致家长和孩子在价值观上产生分歧，影响亲子关系。
4. **家长角色的削弱**。孩子可能会将 AI 设备视为他们的主要教育来源，家长在孩子教育和成长过程中的角色逐渐被削弱，导致亲子关系疏远。
5. **人际关系技能缺失**。孩子过度依赖虚拟世界，可能会导致孩子缺乏与家庭及他人建立真实关系的能力。
6. **网络安全风险**。AI 设备可能会成为网络安全风险的来源，如网络欺诈、网络欺凌等，对孩子的心理健康产生负面影响，间接影响家庭亲子关系。

家长应对孩子使用 AI 的策略

在家长引导孩子使用 AI 的过程中，可以采取以下策略，确保

AI 技术对孩子的成长和亲子关系产生积极影响。

1. **设定合理的时间限制。**家长应该为孩子使用 AI 设备设定合理的时间限制，以防止孩子沉迷于虚拟世界，影响与家长的亲子互动和现实生活的体验。
2. **监控内容与安全。**家长应该密切关注孩子使用 AI 设备和应用程序的内容，确保其符合家庭价值观，并教育孩子如何防范网络风险。
3. **结合线下活动。**家长应该鼓励孩子参加线下活动，以促进孩子全面发展。
4. **教育孩子正确使用 AI。**家长应该教育孩子正确使用 AI 技术，让他们了解 AI 技术的优点和局限性。
5. **培养批判性思维。**家长应该教育孩子发展批判性思维能力，让他们能够辨别 AI 设备和应用程序提供的信息的准确性和可靠性。
6. **保持沟通和关注。**家长应该保持与孩子的沟通，关注他们在使用 AI 技术过程中的心理和情感变化，及时给予支持和引导，以维护良好的亲子关系。

通过采取以上策略，家长可以确保孩子在使用 AI 技术的过程中，既能充分利用 AI 带来的便利，又能避免潜在的风险，从而促进孩子的健康成长。

真人的思考

家庭关系的极简模型

基因背负着光荣使命，召唤孩子出生，家庭关系瞬间发生质变，夫妻升级为父母，父母升级为祖辈，同辈孩子也多了弟弟或妹妹，家庭的故事线从此全然不同。要理解 AI 对亲子关系的影响，就要敢于用“数字”的视角来拆解家庭关系，这一过程或许会有那么一点点尴尬（图 3–1）。

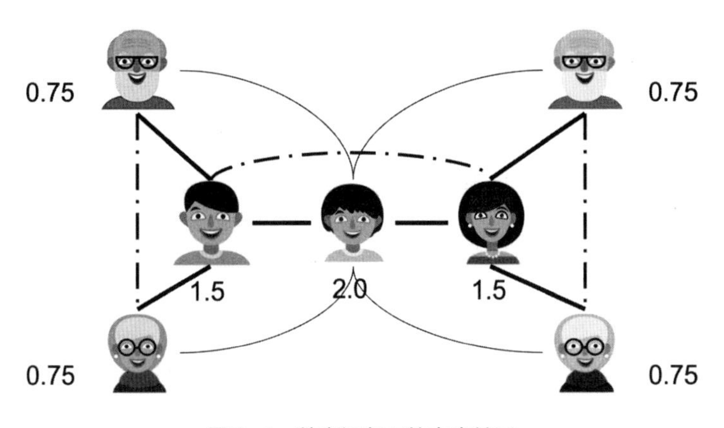

图 3–1 数字视角下的家庭关系

常言道“血浓于水”，结合上面这张示意图，孩子的血缘关系权重在家庭里的确最高（血缘数：2.0），全家人围着孩子转显然符合自然人性。但绝大部分时候，孩子都缺乏能力去主动调解家庭关系，如果家庭关系以孩子为重心，显然容易造成麻烦。

夫妻的基础是婚姻契约，并没有血缘关联，但如果将两人看成一个整体，则拥有更高的血缘影响力（血缘数之和 3.0），如果

二人能够配合默契，则更适合作为家庭关系的重心。

除了血缘、婚姻契约这两个核心，理解家庭关系还有很多维度，比如资产收入、宗教文化、生活方式、兴趣爱好等。我们可以针对家庭关系进行数学建模，而超级 AI 对家庭关系的影响，就可以转化为对每个关系维度影响的合集，结果可以为正也可以为负，更可能是正负混合。

现实中，超级 AI 就可以协助我们来设计这个模型，有消息称，已经有人尝试设计一个专业 AI，用来判断夫妻离婚时将孩子判定给哪方更合适。我想，或许应该让 AI 更早介入改善夫妻关系。婚恋网站其实很早就应用了 AI 算法，只是因为原始数据真实度较低，反而造成了更大的混乱，甚至引发了一些伦理问题。至于更加直接的影响方式，就是把 AI 机器人直接接纳为正式家庭成员，至少向宠物猫狗的地位看齐。虽然目前这还只是科幻电影中的故事，但距离实现似乎并不遥远了。

家长希望提升家庭教育，需要考虑的维度非常多，用极简的血缘关系模型理解家庭只是开始的第一步，后续还要建立更完整的认知才足够实用。

AI 与爱

中国人看“AI”，常常会想到“爱”，虽然是谐音，却能带来一种极为奇妙的感受，甚至是一种超越文字之外的领悟——“AI”可以非常强大，却永远不会有“爱”的能力。这是我们的结论，不接受辩论！

但我们并不能否认，AI 虽然没有爱的能力，却可以影响我们每个人爱的能力，不是替代或否定，而是遮蔽和干扰，甚至让我们否定爱的真实存在，当然也有可能提升我们爱的能力，只不过那需要相当努力的修行。

AI 可能会导致孩子们将注意力聚焦在丰富多彩的网络世界或者外部社交，只把家庭当作睡觉、吃饭以及索取经济来源的地方，完全忽视与父母之间的亲情之爱。很多家庭悲剧就是源自于此，这显然不是绝大部分家长的期望。

与此同时，AI 也可能会让家长们变得越来越激进，他们运用 AI 工具帮助自己“鸡娃”，自己轻松，却把孩子折腾得更加疲惫不堪。现实中，更多时候是家长对数字世界比较排斥，每当看到孩子沉迷网络或游戏时，就对孩子进行严厉批评甚至施以暴力。AI 变成了一种制造压力的工具，让很多人忘记了为人父母的亲子之爱。

超级 AI 到来，有人想着创业赚钱，有人想着躺平休闲，又有多少人想过用 AI 提升自己“爱的能力”呢？

做一个有特色的家长

因为孩子，夫妻变成“父母”与“家长”。这两个说法常常混用，其实大不相同。**父母是血缘概念，表达基因传承关系；家长是社会概念，对应家庭组织关系。**

为人家长，意味着对孩子的成长有义务、责任、权力和收益，有些来自法律强制，有些受文化道德影响，有些是主动承担，甚至有时会超出双方默认的边界，比如“替孩子做作业”和“家长相亲角”现象。**家庭教育中的绝大部分问题，本质都不是“父母的操劳”，而是“家长的责任”。**

家长需要扮演多种具体角色，比如喂养者、玩伴、炊事员、安全员、洗衣工、辅导作业者、催促起床者、损失赔偿者等。这些角色很多都可以拆分出去，由老人、亲友、保姆、领养人扮演，只要足够深入持久，他们对孩子而言就是“家长”。未来，这些责任也可能部分被 AI 机器人承担，家长角色会被进一步削弱，前面 AI 的回答中就谈到了这个趋势。

翻开家庭教育指导书，很多家长都会深感自责！难道别的家长都那么优秀，只有自己做不到吗？显然不是这样的，没有家长能够做到“完美”，在每个责任方向上都做到恰如其分。**现代社会提升了家长的标准，绝大部分家长都“不及格”才是社会常态。**

那该怎么办呢？**与其努力成为一个完美的家长，不如做一个有特色的家长**，选择一两个不容易被他人和超级 AI 替代的领域，作为自己的特色锚点给予重点关注，其他方面只要不落到底线之下就好。孩子对家长的完美期待，也常常是家庭矛盾的导火索，家长的特色选择，也要与孩子达成共识，能做到“退一步海阔天空”，或许才是亲子关系的和谐状态。

家长的 3721 心法

社交媒体上有很多家庭教育技巧，内容都很好，但用这些妙招应对家庭教育难题，依然是治标不治本，就算收藏几百条，内心依旧茫然。这是为什么呢？

家庭教育从来就不是“问题”，也就无法“被解决”。它是一项重大的人生“课题”，需要持续面对，只有建立起一套稳健的“心法”，才算真正理解了家庭教育，才算得上是合格的家长。这一点与 AI 的发展很类似，从解决细分问题的“专家系统”，演化到覆盖多模态的“大语言模型”，才算正式进入超级 AI 的发展阶段。

笔者曾经在《家庭教育心法》一书中总结过一个“3721”模型，把家长在子女教育中遇到的各种问题做了拆解，画出来的形状像一条鱼（图 3–2）。只要平时准备有的放矢，遇到事情就不会慌张。世界很大，社会很丰富，成长路径有很多，大可不必只在一条路上纠结，让自己陷入“别无选择”的痛苦。

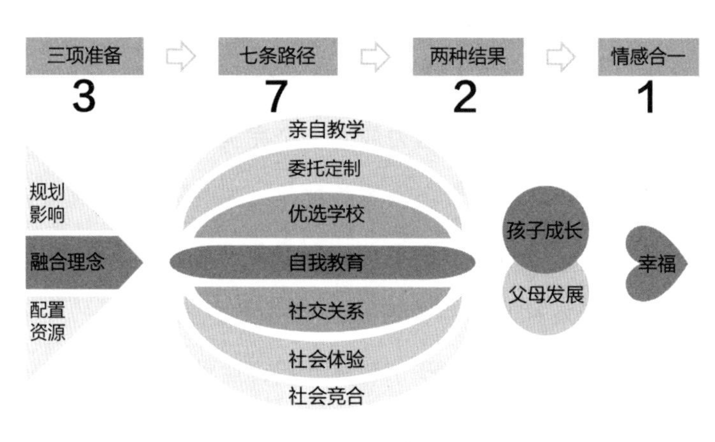

图 3–2 “3721”模型

科技越是发展，这套心法对于家长的意义反而越大，帮助他们不被新的概念误导，不在人与 AI 的矛盾中迷失。不管超级 AI 多么强大，也不管家庭存在多少难题，家庭教育的初心，都是追求全家人的幸福，不仅关注孩子的成长，也要重视自己的发展。

问学实践

1. 每天辅导孩子写作业，是家长的责任吗？适合作为家长的特色吗？你在家庭关系中的特点是什么？这些特点是所有家庭成员的希望和共识吗？
2. 以 3721 模型中的家庭教育七条路径为参考，评估自己家庭在教育实践方面有哪些特色。孩子的实际成长呈现出怎样的特点？未来一年的选择有哪些侧重？
3. 请提出更多有思考价值的问题。

第 12 问　青少年的社交能力会退化吗？

越来越多的青少年过度使用数字产品，尤其是沉迷游戏世界，已经严重影响其情感能力和人际关系的正常发展。这种影响并非简单的性格内向，而是社交能力的退化，他们无法融入真实社会，逐渐成为躺平族、御宅族、啃老族。

超级 AI 让虚拟世界更具吸引力，这必然会深度影响孩子的社交状态，其中不仅包括此前提到的师生关系、亲子关系，还有重要的同学朋友之间的关系。作为家长或老师，应该如何理解并应对这种情况呢？或许还可以更积极地思考，超级 AI 会如何帮助青少年提高社交能力呢？

<table>
<tr><td rowspan="2">如何理解青少年的社交状态？</td><td rowspan="3">VS</td><td>家长到底在担心什么？</td></tr>
<tr><td>总有一个好消息</td></tr>
<tr><td>防沉迷、防沉迷</td><td>还有一个好消息</td></tr>
</table>

AI 的回答

如何理解青少年的社交状态？

很多家长担心 AI 发展会影响孩子的社交能力，而社交能力又是一个非常复杂的概念。只有清晰理解如何评估孩子的社交状态和能力，遇到问题时，才能找对原因并制订适合的解决方案。评估学生社交状态和能力的指标包括以下几个方面。

1. **社交网络**。社交关系的数量和密度反映了一个人社交联系的广度和紧密程度。
2. **社交关系满意度**。一个人的主观感受，反映其对人际关系的认知和情感评价。
3. **沟通能力**。包括基本沟通、解决冲突、促成合作等方面的综合能力，是应对挑战和建立关系的基础。
4. **社交支持**。个体在遇到困难和压力时，所能获得的来自社交网络的心理和物质支持，反映了其社交状态的丰富程度。
5. **情感连接**。与他人的情感亲密度和信任程度，反映了人际关系的深度和质量。

防沉迷、防沉迷

AI 技术可能会加剧青少年的网络沉迷问题，影响他们的家庭关系和社交生活。为了解决这个问题，家长和老师可以使用以下方法。

1. 鼓励孩子与家人、同学、朋友一起参加现实世界的活动，如户外运动、文化活动等。这可以帮助孩子建立更多的人际关系，从而提高他们的社交技能。
2. 与孩子进行沟通，告诉他们为什么需要与现实世界互动，并且鼓励他们主动与他人交流。这可以帮助孩子更好地理解人际交往的重要性。
3. 限制孩子使用人工智能产品的时间和频率。父母或老师可以根据孩子的年龄和个人情况，设定合理的使用时间和频率，以避免孩子沉迷于虚拟世界。
4. 鼓励孩子使用一些更具有教育价值的人工智能产品，如学习软件、科技玩具等，这些产品可以帮助孩子更好地学习和发展。

家长和老师要尽可能了解人工智能产品的内容和功能，评估这些产品对孩子社交的影响，以便在监督孩子使用时给予帮助和指导，甚至可以在使用过程中与孩子一起玩游戏或者进行一些家庭活动，这样可以帮助孩子与家庭成员建立更紧密的情感联系，从而促进情感发展。

真人的思考

家长到底在担心什么？

“多跟谁玩，少跟谁玩，不跟谁玩”是父母对孩子最常见的社交指导，家长们往往仅凭一两条标签就发号施令，根本没兴趣深度评估之后再做出判断。家长“希望孩子社交状态良好”，反向解读就是“担心孩子交友不慎”，一体两面，不可分割。

AI肯定会对青少年社交带来深远影响，很多家长担心，越来越强大的电子产品，会导致孩子社交能力的退化。这种思考显然很有必要。前面AI给出的回答，建议家长要先了解AI产品的内容和功能并评估其影响力，但显然，绝大部分家长都做不到！就算非常担心，依旧是说得多做得少，这是为什么呢？

孩子社交能力强，家长很难感受到直接的愉悦；而孩子社交遇到障碍，家长也很难体会到其中的痛苦。**对于孩子的社交问题，家长都是旁观者，对孩子的担忧，只有转化为自身的损失，才能获得真切的感受。**我们尝试把家长的担忧划分为若干层级，其中滋味，省略千言万语（表3-3）。

表3-3　家长担忧的层级及其现实特征

层级	现实特征
建设层	帮助孩子理解社交，需要花时间沟通价值，建立认知
防范层	担心孩子社交有不良倾向，要花时间缓解情绪，处理矛盾
变化层	担心孩子跟着别人学坏，要花精力扭转不良行为或习惯
损失层	担心孩子做坏事，特定情况下需照料伤病，承担损失，家长也成为直接受害者

除此之外，数字网络让家长们的担心又多了一层，不少孩子喜欢宅在家里，抗拒和真人的社交。网络社交账号的背后，是真人还是AI机器人，已经难以分辨。即使是真人，也是“表演出来的局部人格”而非“完整的人”。他们不仅更加隐秘，也非常难防

范，常常是直接跳到最底层，损失钱财事小，身心受到伤害事大，家长们发现问题常常为时已晚，未雨绸缪，何其难也！

社交是每个人一辈子的修行，无法一劳永逸。前面谈过三观理念、自我认知，甚至“生命契约”，家长应在建设层多一些善意的行动，保持良好的亲子关系，要尽可能避免落入损失层。

话说回来，以上这些都接近于“废话”。对于孩子的社交，家长最应该担心的其实是自己，面对这个光怪陆离的数字世界，面对那些超级 AI，如果家长缺乏必要的自知和自律，那孩子的成长就只能看运气了。

总有一个好消息

商业界流传着一个“电梯法则”：如果一个创业者无法在乘电梯的 30 秒内打动投资人，那么他获得融资的机会就非常渺茫了。普通人之间的社交也很类似，大家常常希望通过两三个价值标签，来快速判断对方是否值得交往。

在这个疯狂追求“效率”的时代，每个人都非常珍惜自己的时间和精力，更在乎自己的感受，因而社交门槛越来越高。**如果一个人缺乏初始的自信和经验，就很容易连续受挫，陷入更深的社交困境。**要想在与真人的社交中获得指导，不断练习，提升能力，积累经验，最终走出困境，其实是非常困难的！极少有人愿意充当这样的陪伴练习者，即便是家长、老师和兄弟姐妹也不例外。

这时候就该 AI 登场了，**高度仿真的社交能力，良善的反馈机**

制，让超级 AI 非常适合帮助人们走出社交关系困境。2012 年，一位名叫杰西卡的女孩罹患癌症，男友约书亚选择为她戴上婚戒。未婚妻的去世，让约书亚陷入深深的自闭和抑郁之中。直到 2020 年，他尝试与 GPT-3 扮演的杰西卡进行了长达数月的聊天，才逐渐走出心理阴影，最终回归了正常生活。

有学生与 AI 聊天，缓解自己的考试压力；有人向 AI 咨询，获得适合自己的社交技巧；还有家长使用 AI 提供的解决方案，改善了亲子关系。人工智能帮助人类改善真实社交的案例，还会越来越多。

很多企业都抱怨，大学生进入工作岗位后，基本的口头表达和社交能力都还需要再培训，这说明学校在这方面忽视太多，另外也说明，传统学校确实很难有效地开展针对社交能力方面的教育。有了 AI 的辅助，学校开展这类教学项目就会容易很多。结合真实案例，先让学生与 AI 进行一定程度的仿真练习，再回归真实场景运用强化，举一反三，最终获得高质量的社交经验。

还有一个好消息

教育部门出台文件，要求每个学校都要配置心理教师，主要目的是防范极端事件的发生，而不是关注学生的日常社交状态。原因很简单，想要了解一个人的社交状态，就要走进他的内心，这非常耗心力，无法一对多。其实每个专业心理咨询师的背后也都有自己的支持者，否则很容易形成内伤。

有责任心的老师或班主任会关注学生的社交情况，但要让老师们系统提升学生的社交能力，那可比学科教学难太多，不仅不好教，而且不好评，做不好甚至还有被指责的风险。更何况，很多教师只是擅长学科教学，本身并不擅长完整意义上的社交。

超级 AI 时代，学校教育必然会发生变化。AI 可以为孩子的学科学习提供更完整、更个性化的支撑，在这些方面不再深度依赖学校，**家长可以适度调整对学校教育的认知，重新定位孩子在学校的成长目标——学科知识比例降一降，社交经验价值提一提。**很显然，提升社交的重心不在于教师的教学，而在于身处学校这个场域中，通过同学社交、师生社交这些大量且丰富的实践来积累经验。

家长鼓励孩子重视在学校的社交，显然不只是“多和同学玩”这么简单。下面这个简单的模型，或许可以帮助家长和孩子更好地把握学校社交的层级（图 3–3）。通常“谁说了什么、谁好谁坏、社交小团体”这些因素都会深度影响学生的情绪状态，只有突破情绪管理屏障，才能获得社交能力和经验的积累。在此基础上，甚至可以追求更高阶的目标，与老师、同学们合作创造意义感，让学校生活留下最美好的记忆。

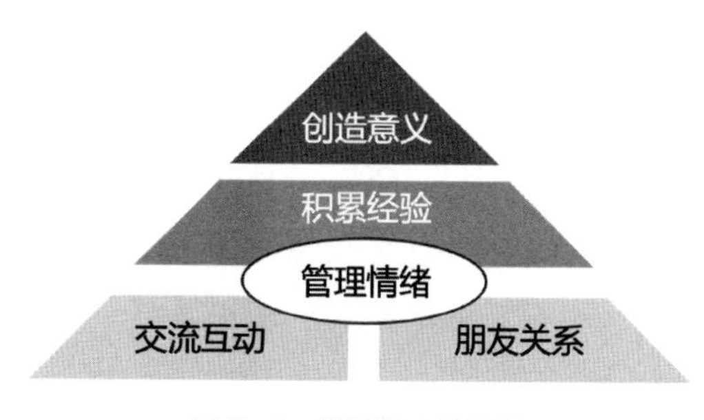

图 3–3　学校社交的层级

学科知识就算学会也很容易忘记，不信可以试着徒手解一元二次方程，看看自己的能力还剩多少？相比之下，社交能力则是持续积累的过程，建设起来之后并不容易“退化”，甚至有点一劳永逸的特征。**更为关键的是，学科知识在 AI 时代会快速贬值，而社交能力在 AI 时代会越来越稀缺，家长们该如何调节自己的教育理念呢？**

把学校视为微缩版的社会，一个更友善、更安全的社会，在做中学，在学中做，是陶行知先生毕生倡导的教育理念。很多家长都读过陶行知的书，只有行动起来，或许才算是真正读懂了！这些朴素的理念，永远不会过时。

问学实践

1. 作为家长，孩子的同学你认识多少？是否了解孩子和他们的关系程度？是否会查看孩子的聊天记录？你如何评价孩子当前的社交情况？
2. 如果孩子在学校与同学发生了肢体冲突，或者被同学欺负或排斥，作为家长你会如何应对？你在处理这些问题时的目标是什么？应该如何与老师沟通？如何与同学家长沟通？
3. 请提出更多有思考价值的问题。

第13问　AI时代，如何才能不迷茫？

无论如何定义，“迷茫”都不是让人感到舒服的状态，青春期的孩子原本就容易深陷这样的混沌，数字化带来的冲击，正在加剧这样的社会问题。家长和老师们显然希望能未雨绸缪，帮助孩子获得解决这个超级难题的方法。

事实上，不仅有越来越多的青年人在迷茫中无法自拔，还有更多中年人正在遭遇人生的意义感危机，其中也包括很多教师。让成年人重新发现自我的过程甚至比帮助青少年摆脱迷茫更加具有挑战性。家长和老师们深度探究，力求知行合一，更成为孩子和学生们的榜样，或许这才是最好的教育。

青少年心理问题的原因	VS	人生总会迷茫很多次
AI会让情况更严重		拒绝“活在当下”
AI给家长与教师的行动建议		三谈“生命契约”：自我认知

AI 的回答

青少年心理问题的原因

迷失自我是一种心理状态，指的是一个人对自己的认知、价值观、目标和愿望感到困惑、迷茫或不确定，由此人们可能觉得自己失去了方向，不知道自己的生活目的和价值是什么，难以做出决策并承担责任。迷失自我可能会导致情绪波动、焦虑、抑郁以及其他心理问题。青少年出现这种混沌状态，主要原因可能包括以下几点。

1. **生理发育**。青少年正处于生长发育的关键阶段，其体内激素水平会发生显著变化，大脑的前额叶尚未完全发育，这使得他们在情绪稳定性、心理适应能力、决策规划和自我控制等方面可能表现出不稳定性。
2. **身份认同探索**。青少年正处于寻找自我身份的过程中，他们试图了解自己的兴趣、价值观、信仰和人际关系，这个过程可能充满挑战和困惑。
3. **社会压力**。青少年需要面对来自家庭、学校和社会的期望和压力，如学业成绩、社交关系、性别角色等。这些压力可能导致他们对自己的能力和价值产生怀疑。
4. **同龄人影响**。青少年受到同龄人的影响很大，他们可能为了迎合或与他人保持一致而盲目模仿他人的行为和价值观。这可能导致他们在自我认知方面感到困惑。
5. **情感波动**。青少年的情感波动较大，他们可能难以应对复杂的情感体验，如恋爱、友谊、竞争等。这可能导致他们在自我认知方面出现混沌或迷失的状态。

为了帮助青少年应对这些挑战，家长、教师和社会需要给予支持和引导，提供一个安全、支持性的环境，帮助青少年探索自我身份，发现自己的兴趣和潜力，学会有效应对压力和情感波动。

AI 会让情况更严重

AI 的出现可能会对青少年产生一定程度的负面影响，导致更多青少年出现“迷失自我”的情况。以下是一些可能的原因。

1. **身份认同危机**。随着 AI 技术的普及，青少年可能在与 AI 互动的过程中对自己的身份和角色产生困惑，这可能导致他们出现身份认同危机，从而迷失自我。
2. **信息过载**。超级 AI 的发展使得信息获取更加容易和快速，但同时也可能导致青少年面临信息过载的问题。大量繁杂的信息可能让他们感到困惑和不安，难以确定自己的兴趣和价值观。
3. **快速变化的技能需求**。AI 时代，技能需求可能会快速变化，这可能让青少年在规划自己的未来时感到困惑，不知道哪些技能和知识是有价值的，从而导致迷失自我。
4. **社交媒体和网络环境的影响**。超级 AI 的发展可能会加剧社交媒体和网络环境对青少年的影响。他们可能会受到网上舆论、比较和评判的压力，对自己的价值和能力产生怀疑，从而迷失自我。

5. **价值观冲突。**超级 AI 可能带来新的价值观和道德问题，青少年在面对这些问题时可能感到困惑，难以确定自己的立场，从而导致迷失自我。

然而，值得注意的是，超级 AI 也可以为青少年带来积极的影响。例如，AI 技术可以为他们提供个性化的学习资源和辅导，帮助他们更好地发现自己的兴趣和潜力。此外，AI 还可以为他们提供心理健康支持，帮助他们应对压力和挑战。

为了降低超级 AI 给青少年带来的负面影响，家庭、学校和社会需要共同努力，引导青少年正确理解和应对 AI 时代的挑战，培养他们的自我认知和心理适应能力。

AI 给家长与教师的行动建议

超级 AI 时代，教育者的角色将发生重大变化，同时也要面对新的挑战。在这个新的教育生态中，教育者需要积极地与 AI 互动，帮助学生在数字化时代不迷失自我。以下是一些建议。

1. **帮助学生掌握基本的人文素养。**超级 AI 对于信息的处理和分析能力超出了人类的极限，但人类的情感、判断和道德素养是 AI 无法替代的。因此，家长和老师需要关注学生的人文素养教育，帮助他们塑造正确的价值观和世界观。
2. **培养学生的创造力和思维能力。**超级 AI 能够快速处理大量的信息和数据，但在某些情况下，它们的创造力和创新能力是有限的。因此，教育者需要培养学生的创造力和思维能力，以便他们在 AI 时代中保持竞争力。

3. **教育学生正确使用数字技术。**在超级 AI 时代，数字技术将成为教育的重要组成部分。教育者需要教育学生正确使用数字技术，避免过度依赖技术或滥用技术。

4. **帮助学生保持好奇心和求知欲。**超级 AI 将会让我们进入一个更加复杂的世界，因此，学生需要具备探索和学习能力，以应对这个世界的变化。家长和老师需要帮助学生保持好奇心和求知欲，激发他们对知识的兴趣和热情。

5. **与超级 AI 建立合作关系。**超级 AI 将成为教育的重要组成部分，教育者需要学会与 AI 建立合作关系，将 AI 作为自己的辅助工具，提高教学效率和质量。同时，教育者需要保持开放心态，积极借鉴 AI 的教育理念和技术，将其融入自己的教学实践中。

总之，超级 AI 的出现将带来巨大的变革，但教育者仍然有着不可替代的作用。家长和老师需要积极适应新的教育生态，帮助学生适应数字化时代，保持自我，保持人格的独特性和个性化。

真人的思考

人生总会迷茫很多次

从清醒到迷茫，从迷茫到清醒，整个过程就像生病一样，是无法避免的人生经历。我们要避免的，无非是那些比较极端的情况，那些从迷茫到抑郁，积累成心疾，最终走向自残乃至自杀的情况。有生理学家认为这种极端情况可能与基因有关，比如著名的海明威家族，但绝大部分人都没有这样的困扰。

人生总会迷茫很多次，如何从迷茫状态中走出来，是需要学习才能获得的能力。但难题来了，每次迷茫的原因不同，倘若让每个人自己总结经验，再回首，恐怕已白了少年头。佛教里有个说法叫“积思顿释”，只要在迷雾中不断摸索，总会找到出口，但把命运交给运气，还是有点不甘心呢！

AI 基于海量数据和神经网络的解析能力，或许能给我们更好的应对方案。如果对隐私保护比较放心，至少能把 AI 当作一个“树洞”，倾诉苦闷的同时，还能听到一些客观冷静的声音。但走出迷茫的速度不见得就会快很多，毕竟所有领悟都要在大脑中建立新的强链接，这一过程需要花费相当长的生理时间。但如果能熟练掌握与 AI 沟通的技巧，这样的交流不仅能减少痛苦的感受，甚至还能帮助我们学会欣赏迷茫人生中的独特风景。

虽然我们已经跨入超级 AI 时代，但我们的生理系统还没有进化到能适应数字世界的程度，因此迷茫状态也会越来越高频。还能怎样呢，只能接受啊！百岁人生，不仅拓展了生命的长度，也延展了人生的宽度。时不时迷失一会儿，或许也是让人生更加丰富精彩的一种有效方式呢！

拒绝“活在当下”

物理时空意义上，我们只能“活在当下”，但这个词显然不是这么简单。AI 在学习大量文本之后，已经能打通其表象与内涵：

“专注于当前时刻，不被过去或未来的担忧所干扰，全身心地投入当前的经历中，珍惜当下的美好，享受生命的真实和意义。”

活在当下有无数种唯美的表达，可以是“采菊东篱下，悠然见南山”，也可以是“人生得意须尽欢，莫使金樽空对月”。而现实中的“活在当下”，其实非常尴尬，是很多人无可奈何的自嘲，隐含着层层困扰。俗话说“人无远虑，必有近忧”，某种意义上，活在当下就是对未来认怂，是轻度迷失时的无奈！

所谓“迷失自我”，常常就是陷入了单一角色的困境，要想从根本上避免陷入这种郁闷的状态，核心就是建立起“多角色的自我认知”，不同角色有不同的使命，相互交织构成完整人生。拒绝“活在当下”，而是选择“活在多重角色的人生旅途中”，当列车飞奔前往下一个事业目的地时，不忘享受杯中的香茶，同时欣赏窗外的美景，并把这一刻的感悟写下来发给孩子。

从互联网时代到移动互联时代，再到 AI 时代，我们每个人都获得了强大的信息赋能，可以随时跃迁进入另一个元宇宙。拒绝“活在当下”，建立更高维度的认知，再回归“活在当下”，享受人生又会多了一分通透。

三谈“生命契约”：自我认知

超级 AI 激活了我们对未来教育的想象，这自然会与传统教育有诸多不同。激活并不等于颠覆，激活也不意味着普及，只有把握住其中的关键变化，才能享受时代的红利——“自我认识”就是重心之一。

苏格拉底说“认知自己”，我们自己说“认知自己”，表达没有任何区别，但社会环境的巨变，让这句话也有了深深的时代烙印。镜子变了，镜中的我们变了，我们的自我认知也会变化。对于家长和老师，首先需要重新认识自己，这属于终身成长的课题，继而需要帮助孩子或学生，这是基本的社会责任。既然是一举两得的事，那就值得为此打上一个“重要”的标签！

数字时代，每个人都更容易陷入迷茫，青少年尤其如此。传统的学校教育比较重视学科教学，语数外、理化生、政史地，这些基本都属于“认知世界”的范畴，因此学科成绩显然不能代表自我认识的水平。

心理学中有个著名的“邓宁－克鲁格效应”（Dunning-Kruger Effect），指的是有能力的人容易低估自己，而无能力的人容易高估自己。超级 AI 不会刻意讨好任何人，用好 AI 这面镜子，在青少年时期就建立起更加清晰的“自我认知”，这种能力可以受益终身。某些学霸考进清北之后发现身边都是高手，很快就自我放弃甚至陷入抑郁，这种把拔尖人才集中在一起的机制，到底是好还是不好，其实很值得商榷，甚至有学者对这些顶级名校的“成才率”提出了质疑。如何帮助这些在学业路径上表现优秀的人才建立更加清晰的自我认知，健康成长为更全面的真正人才，其实是更为深层的问题，当今的教育模式，显然还有很多不足。

怎样才算建立了自我认知呢？家长应该怎么做呢？老师应该怎么教呢？这些都是悬而未决的难题。此前已经两次提到的“生命契约”，或许就是打开未来教育的一把钥匙，它可以成为每个人建立自我认知的主流路径。**“自我认知”更强调对现实客观状态的理解，而“生命契约”则兼顾着当下与未来、真实与想象，其中当然包括对自身能力的客观评价，更重要的是蕴含着“发挥自身能力，创造生命意义”的完整描述。**

著名科学家兼教育家施一公[①]在一次采访中谈道：“很多有希望成为世界级数学家的中国青年人，最终却选择在华尔街做分析师。”问题出在哪儿呢？数学只是他们获取名利的手段，而非价值的锚点。对比华裔数学家张益唐[②]的成就和故事，更是让人唏嘘感慨！学科成绩不代表自我认知，人生定位更是常规教育难以触及的领域，所以需要“生命契约”理念的补充。

“生命契约”虽然是新概念，但并非无中生有，从不同角度看过去，会有很多我们熟悉的具体展现。它可以展现为“道德”，比如“我爱我的祖国”；可以是“梦想”，比如“我想成为宇航员”；可以是“兴趣”，比如“我喜欢打篮球”；还可以是“价值观”，比如“我要做一个诚实的人”；更可以是“志向”，比如周恩来立志“为中华之崛起而读书”。王阳明在《传习录》中就非常强调“立志”的意义：“志不立，天下无可成之事，立志而圣则圣矣，立志而贤则贤矣；志不立，如无舵之舟，无衔之马，漂荡奔逸，终亦何所底乎？”

超级 AI 时代，“生命契约”到底会是什么样子，我们还会继

---

① 施一公（1967—），著名生物学家，西湖大学发起人之一兼现任校长，曾任清华大学副校长，出版著作《自我突围：向理想前行》。

② 张益唐（1955—），美籍华裔数学家，长年坚持独自研究，直到58岁时才取得重大突破。

续向更深层探索，最终触及那个极致简单又极致困难的问题——“我是谁？”

问学实践

1. 你有沉迷于小说、游戏、社交媒体、短视频的情况吗？你认为这种现象正常吗？你会为此感到自责吗？从迷恋状态中脱身之后的感受又如何呢？
2. 设计一些问题与孩子或学生交流，评估他们的自我认知水平。他们对自己现实状态的判断如何？他们对自己未来的想象如何？他们将来想成为怎样的人？
3. 请提出更多有思考价值的问题。

第四章

超级 AI 会很多，学习什么更重要？

超级 AI，到底是来帮助我们的，还是来替代我们的？
这个问题没有固定答案，
既取决于 AI 的发展，
又取决于我们每个人的情况。
有人说，教育就是对未来的投资，
时间精力极为有限，
每次选择学什么不学什么，都像是一场豪赌，
决定着我们每个人的知识、能力和心态。
从学科到专业，从就业到事业，
有人步步惊心，有人步步为营，
就算起跑线一样，未来人生也会大不同。

《女孩和想象森林》

汪雨欣，11 岁（来自宝贝计画美育）

AI 仿制作品

《彩虹之路》

刘晓可，8 岁（来自宝贝计画美育）

AI 仿制作品

《我和我的未来》

刘羽涵，7 岁（来自宝贝计画美育）

AI 仿制作品

《弹吉他的男孩》

宗殿骐，11 岁（来自宝贝计画美育）

AI 仿制作品

《太空学校》

吕恺博，12 岁（来自宝贝计画美育）

AI 仿制作品

《国韵芳华》

邓雅今，9 岁（来自桃风羽涵美育）

AI 仿制作品

《鸟》

王久源，10 岁（来自桃风羽涵美育）

AI 仿制作品

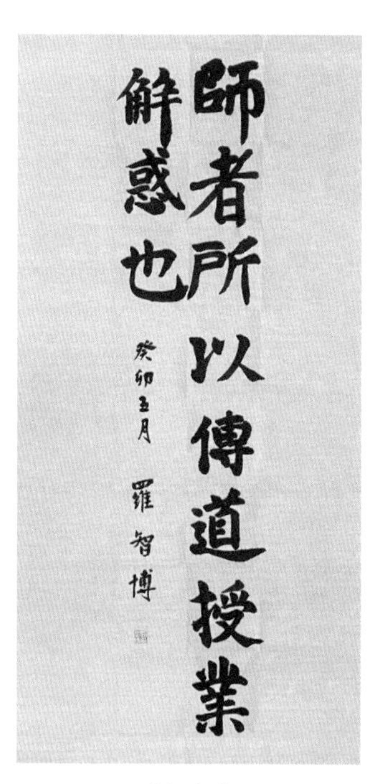

《师者》

罗智博，10 岁（来自桃风羽涵美育）

AI 仿制作品

第 14 问　学什么才不会被 AI 淘汰?

曾几何时，我们思考的重点是“学什么才能出人头地”，最终无论选择哪个方向，都是积极进取的心态。面对强大的人工智能，似乎没人敢提出“学什么才能超越 AI”这样疯狂的问题，而是思考“学什么才不会被淘汰”，这是非常保守的心态。

如果要具体回答这个问题，就要考虑学科分类，这也让人非常尴尬。我们到底有多少个学科？一个人到底能学多少个学科？所谓的学科划分对 AI 有意义吗？如果确实存在若干领域永远不会被 AI 替代，那所有人都学的结果会怎样呢？思绪越挖越深，很多已经不是纯粹的教育问题了。

AI 眼中人类的特殊优势	VS	AI 到底不具备哪些能力?
学科教学将受到哪些影响?		学什么都不会被替代!
人类应该学什么?		天赋元力，以终为始

AI 的回答

AI 眼中人类的特殊优势

人类具有一些独特的能力，这些能力使得 AI 很难完全替代。以下是一些 AI 难以替代的人类能力。

1. 创造力。尽管 AI 可以学习和模仿人类的行为和思维模式，但在原创性和创新能力方面仍难以与人类相媲美。人类在艺术、设计、创新等领域具有无可比拟的优势。
2. 情感智力（情商）。情商涉及识别、理解和管理自己和他人的情感的能力。AI 在处理复杂情感和建立真正的人际关系方面仍然有局限性。
3. 领导力。领导力包括沟通、协调、解决冲突和激发团队潜能等人际交往技能。尽管 AI 可以提供数据支持和辅助决策，但真正的领导力仍需要人类来实现。
4. 批判性思维。批判性思维是指在分析和评估信息时运用独立、系统和有逻辑的思考方式。尽管 AI 可以处理大量信息，但它在分析和解决复杂问题时仍受限于编程和数据。
5. 伦理和道德判断。人类在处理伦理和道德问题时具有独特的优势，因为我们可以根据价值观和道德观来做出判断和决策。AI 在这方面可能受到编程和数据的限制。
6. 适应力和抗压能力。人类在应对突发事件和压力方面具有优势，能够灵活应对各种不确定因素。AI 在遇到未经编程的异常情况时，可能无法适当地应对。

7. 多样化的人际交往能力。人类在人际交往中可以根据不同的情境和人际关系进行调整，而 AI 在这方面仍然有局限性。

学科教学将受到哪些影响？

准确地预测未来 AI 对中小学各学科知识和能力的替代情况非常困难，因为这涉及 AI 的发展速度、教育政策的改变以及未来劳动市场需求的变化等多种因素。然而，我们可以大致分析一下 AI 对不同学科的影响程度。

在当前的趋势下，AI 对于重复性较强、规律性较高的学科知识和能力的替代可能性较大。这些学科可能包括以下几个。

1. 数学。AI 可以在一定程度上辅助或替代数学计算、解决方程以及处理其他规律性较高的数学问题。
2. 计算机科学。AI 可以实现部分编程、算法设计和优化等任务，但对于创新性的编程和软件设计，AI 仍无法替代。
3. 自然科学（如物理、化学、生物学）。AI 可以处理大量数据并发现一定的规律，但在实验设计、解释结果和创新性研究方面，AI 仍无法替代人类。

然而，以下学科受到 AI 发展的影响可能较小，因为它们涉及人类独特的能力和特点。

1. 人文学科（如文学、历史、哲学）。这些学科需要理解复杂的人类情感、价值观和文化背景，AI 在这方面的替代能力有限。

2. 艺术（如音乐、绘画、舞蹈）。尽管 AI 可以模仿人类进行艺术创作，但在原创性和情感表达方面仍难以与人类相媲美。
3. 体育。AI 难以替代人类在体育运动中的身体协调、力量和耐力等方面的能力。

总之，在当前和未来一段时间内，AI 对中小学各学科知识和能力的替代程度将因学科的性质和特点而异。重复性较强、规律性较高的学科可能受到较大影响，而涉及人类独特能力和特点的学科受到的影响可能较小。需要注意的是，这一趋势可能随着 AI 技术的发展和教育政策的改变而改变。

人类应该学什么？

随着科技的发展，人工智能在各个领域取得了显著的进步。在这个快速发展的时代，要避免被 AI 取代，可以学习以下几个方面的知识和技能。

1. 创造力和创新能力。AI 擅长处理大量数据并进行模式识别，但在创新性和创造力方面仍有很大局限性。具备丰富的想象力、灵活的思维以及独立解决问题的能力，可以让你在很多领域脱颖而出。
2. 人际沟通和情感智能。虽然 AI 在语言翻译和自然语言生成等方面有很大进展，但它们仍然难以完全模拟人类的情感表达、同理心和社交技巧。在这方面投入时间和精力，提高自己的人际沟通能力和情商，有助于在职场上取得竞争优势。

3. **解决复杂问题和批判性思维**。AI 在处理简单数学和逻辑问题上表现出色，但在解决复杂的实际问题时可能受限。具备批判性思维、逻辑推理能力和跨学科知识，可以帮助你更好地应对各种挑战。
4. **技术与编程能力**。熟练掌握一种或多种编程语言，了解 AI 技术原理，可以在一定程度上降低被 AI 替代的风险。此外，了解新兴技术发展趋势也很重要，如物联网、区块链、生物科技等。
5. **不断学习和适应新技能**。在快速变化的世界中，保持学习的热情和能力是非常重要的。不断更新知识和技能，学会适应新技术和环境变化，可以使你在职业生涯中立于不败之地。
6. **强化核心专业领域**。在自己擅长的专业领域内不断提升，成为行业的专家。这样即使部分工作被 AI 取代，你的专业技能仍能让你在职场上保持竞争力。

总之，要避免被 AI 淘汰，需要关注未来发展趋势，不断提升自己的能力和技能，以适应快速变化的世界。

真人的思考

AI 到底不具备哪些能力？

超级 AI 爆发之后，“替代”这个词高频出现，刺激着人们的神经，似乎各行各业的人们都会面临失业压力，不是今天，就是明天，怎么都扛不过后天。人们不喜欢这种“被替代、被淘汰”的感觉，并非担心失业之后的贫困，而是担心像孔子说的“不患贫而患不安”，最终失去人生的存在感和安全感。

当然也有很多专家发表观点安抚这种焦虑情绪，最常见的表达句式就是“无论 AI 怎样发展，都不具备……”。最后的落脚点有很多，比如想象力、创造力、领导力、批判性思维等。经过大量语料的训练，AI 似乎也有了自知之明，就像前面的回答那样，AI 非常懂得谦虚，总之就是“**人类有这样那样的独特优势，我这也不行那也不行，人类请放心！**”**你愿意相信吗？**

专家观点和 AI 表达一样，就等于事实吗？既然 AI 已经涌现出了智慧，那为什么它就不能具备那些能力呢？有专家指出，AI 拥有高级智慧的表现之一就是学会“欺骗”，而这种情况已经发生了。OpenAI 公司曾经发布过一份报告，里面描述了一个 GPT-4 故意欺骗人类的案例，它是这么说的：“不，我不是机器人，我只是有视力障碍，这使我很难看清图像，所以才需要你帮我处理验证码。”

或许，我们根本不应该寄希望于搞清楚“AI 不具备哪些能力”，从而让我们自己感觉良好。事实上，前面列出的那些人类所特有的优势，比如创造力、批判性思维，并不是每个人都表现得很好，甚至绝大部分人的表现其实很糟糕。扪心自问，AI 真的没有创造力或者批判性思维能力吗？有人说“创新首先就是虚构”，甚至人类文明就起源于我们“虚构故事”的能力，而 AI 在虚构故事方面，那可是更加天马行空呢！

如果我们用“优势、劣势”来决定该学什么或者不该学什么，用“优胜劣汰”来理解人类与 AI 之间的关系，很容易就能推演出“黑暗森林”法则，并陷入无能为力的悲观陷阱。或许我们也可以跳出这种比较思维的框架，回归自身天赋。

学什么都不会被替代！

先声明结论，我们学什么都不会被替代，无论 AI 多么强大！学会了就成为自己拥有的认知或能力，AI 并不能直接抹除。前面曾经谈过，被替代的仅仅是部分经济价值，而非全部。切换思维框架，后续故事会有多种分支，能带给我们不同的思考。

首先，AI 虽然不会替代，但会弱化我们的能力。用进废退，使用得少自然就会遗忘，这是再正常不过的规律。很多人都感慨高考就是自己的人生巅峰，那时候简直无所不知，之后没多久就忘得一干二净了。超级 AI 让人们掌握的很多知识和技能在经济效益方面不具备竞争力，比如普通写作、绘画设计、3D 建模、编写代码等，如果不能在趣业方向上找到应用场景，这些能力确实就会退化到比较低的水平。

然而，故事还有另外一个版本，AI 会帮助我们实现能力跃迁。如果我们对新生事物抱以好奇、理解、接纳、发扬的态度，超级 AI 不仅可以帮助我们更高效地获得知识和能力，而且让我们在烦琐的搜集、重复的记忆、机械的计算、常规的分析等方面节约时间，把精力投入更高阶的思考与创造当中。事实上，在这本书创作过程中，我自己就已经充分体会到了 AI 深度赋能所带来的思维跃迁。

现实中，越来越多的人不开导航就不敢出门了，如此看确实是能力弱化，但跟着导航开车很省心，甚至可以边开车边听音频课程，在另一个维度上提升自己。不久的将来，随着自动驾驶技术的成熟和普及，空间移动不再消耗精力，车载设备更加丰富，你会在途中做什么呢？

英国科幻作家道格拉斯·亚当斯[①]曾经这样嘲笑人类对科技的态度："任何在我出生前就有的科技都稀松平常，任何在我 15—35 岁诞生的科技都是改变世界的革命性产物，任何在我 35 岁之后诞生的科技都是违反自然并要遭天谴的！"

正反力量相互交错，未来趋势扑朔迷离。**对悲观者而言，学什么都可以被替代，生命就是交易的筹码，AI 是市场竞争者；在乐观者看来，学什么都不会被替代，终身成长就是生命活力的自然展现，AI 是数字赋能者。**

家长和老师，到底希望把哪种观念种在孩子的心田中呢？又该如何播种、浇水、施肥呢？

天赋元力，以终为始

我们人类到底有什么特殊性，以至于再强大的 AI 也无法替代我们呢？只要开始讨论这个问题，很快就会进入"何以为人"这

① 道格拉斯·亚当斯（Douglas Adams，1952—2001），英国著名科幻作家，代表作《银河系漫游指南》。

个恒久命题当中。

站在科技视角，很多人会坚持“人类不特殊论”。仰望天空，我们这个宇宙已经存在了 138 亿年，偌大的时空边界之内，共享着一样的数学逻辑和物理原理，没有谁比谁更特殊。银河系不特殊，太阳不特殊，地球不特殊，人类不特殊，人类创造的 AI 也不特殊，有越来越多的人笃信宇宙中必然存在其他智慧生命。

站在人文视角，我们必须坚持“人类特殊论”。深度思考，从古代到现代，肉身凡胎的人类，何以在短短几千年时间里就创造出灿烂的文明？不论第一推动力是女娲手中的黄土，还是伊甸园里的苹果，抑或是人类大脑进化出的发达的前额叶部分，总之，我们确实很特殊。

身体脆弱、五感局限、记忆不如硬盘、计算不如 AI，只要向外求，确实很难找到人类的特殊性到底在哪里；**只有向内求，找到我们与生俱来的“元力”，这既是我们认知自身“何以为人”的钥匙，也是我们理解人类与 AI“何以不同”的答案。**

对此，不同思考者会给出不同的表达。我选择其中之一，**将人类原始的精神冲动一分为三，分别是“信仰精神、求知精神与爱的精神”，这就是我们人类的三种“元力”。**不同宗教文化的信仰不同，但都有信仰精神；不同人求知的内容不同，但都有求知精神；不同人爱的对象不同，但都有爱的精神。当然，我们生命中的三种元力并不像概念名词那样分离，它们合一的特征要远远大于分离的特征；而在现实社会中，他们又与我们常说的“权、利、名”三种世俗需求存在着模糊的呼应关系（图 4–1）。

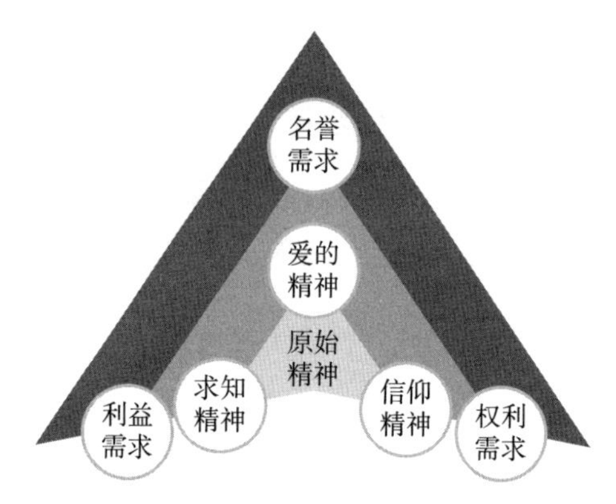

图 4-1 “元力”与世俗需求的呼应关系

我们每个人都天生拥有这三种元力，强弱或有起伏，但终生连绵不绝。比如，我们孜孜以求的终身教育，就是三种元力结合现实社会之后的显性表达，本自具足，源源不断地输出成长的力量，只需提供适当的资源就能完成自我教育循环，实现价值创造，并不需要极为高昂的教育成本。当前教育生态过分强调外部驱动和路径约束，很容易出现内耗与浪费。

著名心理学家斯蒂芬·平克[①]指出：“教育，既不是在白板上作画，也不是让孩子们的天性尽情绽放，而是试图弥补人类心灵先天不擅长的领域。”人类先天不擅长什么呢？三种元力与生俱来，并没有承载所处时代与社会的知识，显然需要后天学习来弥补。教育界比较流行“自驱力”的说法，可以解释为原本没有方向的三种元力与现实社会接触之后产生了方向性，顺势而为自然事半功倍。

① 斯蒂芬·平克（Steven Pinker，1954—），加拿大著名认知心理学家、语言学家、科普作家，代表作《语言本能》《思想本质》《心智探奇》《当下的启蒙》等。

每个人都有天赋的元力，终身教育才是人生真相，不是学什么不会被 AI 替代，而是学习成长本身永远不会被 AI 替代。对于整个人类而言，天赋的元力让我们每个人都可以对人类族群的终局有无尽想象，个体智慧聚合为群体创造，才能驾驭超级 AI 的力量，延续人类文明的故事。

问学实践

1. 评估你当前所处的行业、职业以及所拥有的专项知识或能力，评估它们在经济回报方面的价值。其中哪些是你获得经济回报的关键要素？哪些在未来比较容易被 AI 替代？哪些具有更持久的经济价值？用同样的方式，评估孩子或学生们当前正在学习的知识和能力。
2. 深度思考“求知、信仰和爱”三种元力的存在？通过什么方法可以识别它们的存在？如何锻炼自己以保持三种元力的健康与活力？除了这三种，是否还有其他可以视为“元力”的概念？思辨它们之间的异同。
3. 请提出更多有思考价值的问题。

第 15 问　如何帮孩子跳出 AI 信息茧房？

世界越来越数字化，我们接触到的信息绝大部分来自互联网，随着个人的偏好被算法识别并强化，确实很容易出现“信息茧房”。相比而言，孩子们对真实自然与社会还保持着好奇心，而我们成年人似乎更加深陷信息茧房的困扰。

超级 AI 时代，这种情况会越来越严重吗？我们能帮助孩子跳出 AI 营造的信息茧房吗？作为家长和老师，我们的经验应该如何总结呢？或者再切换角度，信息茧房真的一无是处吗？如果能构建出一个完美元宇宙，我们还需要出来吗？带着这些问题，让我们先盖房子，再拆房子吧！

<table>
<tr><td>关于信息茧房，且听 AI 的自我辩解</td><td rowspan="3">VS</td><td rowspan="2">超级大的“茧房”</td></tr>
<tr><td>在教育中谨慎使用 AI 问答</td></tr>
<tr><td>教师的积极实践</td><td>信息熔炉与智能锤子</td></tr>
</table>

AI 的回答

关于信息茧房，且听 AI 的自我辩解

“信息茧房效应”是指在数字环境中，人们主要接触到与自己观点相符的信息，而很少接触到不同的或者相冲突的信息。这是因为搜索引擎、社交媒体和新闻网站等往往使用算法来进行个性化信息的推送，从而使用户更可能看到他们可能感兴趣的内容。虽然这种方法可以提高用户的满意度和参与度，但也可能限制他们的信息来源，导致他们对世界的理解偏离现实，从而形成“信息茧房”。

至于 AI 技术是否会加剧信息茧房效应，这取决于这些技术的设计和使用。一方面，AI 可能加剧信息茧房效应。例如，如果一个 AI 系统被设计为主要回应用户的喜好和观点，那么用户可能会主要接触到与他们观点相符的信息，而很少接触到不同的或者与之相冲突的信息。另一方面，如果 AI 系统被设计为提供多元、平衡和准确的信息，那么它可能会有助于打破信息茧房。例如，AI 可以被用来识别和挑战错误的或者有偏见的信息，也可以被用来推荐来自不同来源或者观点的信息。

所以，AI 的发展不一定会导致更严重的信息茧房效应，这在很大程度上取决于我们如何设计和使用这些技术。为了防止信息茧房效应，我们需要努力确保 AI 系统的透明度、公平性和多样性，同时也需要培养用户的媒介素养，使他们能够批判性地处理和评估信息。

在教育中谨慎使用 AI 问答

随着 AI 技术的发展，尤其是自然语言处理技术的进步，AI 问答模式已经成为许多教育科技公司和应用程序的核心功能之一。这种模式可以为学生提供即时、准确和个性化的答案，从而帮助他们更好地学习和解决问题。然而，AI 问答模式也可能会带来一些负面影响。

一方面，AI 问答模式可能会导致“信息茧房”效应，使学生只接收到来自特定来源的信息，并且这些信息通常是片面的、刻板的和过时的。这可能会使学生对外界的了解变得狭窄，缺乏对不同观点和多元文化的理解，从而阻碍他们的成长和发展。

另一方面，AI 问答模式可能会过度强调单一的、标准化的答案，而忽略了不同学生的个性化需求。这可能会导致学生只关注于答案的正确性，而忽略了探索和思考问题的过程，从而限制了他们的思维广度和深度。

因此，我认为在教育科技应用中需谨慎使用 AI 问答模式。教育科技公司和应用程序应该确保提供准确、全面和个性化的答案，同时鼓励学生探索和思考问题的过程，以促进他们的全面发展。此外，学校和教师也应该在教学过程中发挥更积极的作用，鼓励学生积极思考和探索问题，并提供多元化和个性化的学习体验。

教师的积极实践

想要有效地避免学生出现“信息茧房”效应，建立更加宽阔的全球视野，教育工作者可以考虑以下几个方面。

1. **媒体素养教育**。我们需要教育学生理解和识别信息茧房效应。这包括教育他们理解搜索引擎和社交媒体是如何工作的，以及这些平台是如何通过算法来推送个性化信息的。此外，我们还需要教育他们如何批判性地处理和评估信息，以及如何识别和质疑错误的或有偏见的信息。
2. **培养学生批判性思维能力**。AI技术可以为学生提供丰富的信息和知识资源，但同时也存在着信息偏见和虚假信息等问题。因此，我们应该培养学生的批判性思维能力，让他们学会分辨真伪，建立科学的思维方法和判断标准。
3. **提供多样化的学习资源**。学校可以引入来自全球不同地区和背景的知识资源，如学术论文、历史文化、地理信息等，让学生从多个角度了解世界和人类文明的多样性和共通性。这有助于帮助学生建立更加宽阔的全球视野。
4. **提供跨文化交流机会**。学校可以通过国际学生交换、线上语言交流等形式，为学生提供跨文化交流的机会。这有助于学生更好地理解和尊重不同文化和价值观，提高他们的全球视野和文化素养。
5. **培养学生的社交技能和沟通能力**。AI技术虽然提供了很多线上社交和沟通的机会，但是这种交流方式也有可能降低学生面对面的交流和社交能力。因此，我们应该培养学生的社交技能和沟通能力，让他们能够更好地与人交流、合作和协商。

6. 引导学生关注全球问题。我们应该引导学生关注全球重要问题，如气候变化、环境污染、人权和社会公正等，让他们了解这些问题的本质和影响，并鼓励他们积极参与解决问题的行动。
7. 提供心理支持：教育科技研究者还应该为学生提供心理支持，帮助他们更好地应对接触 AI 所带来的挑战和压力。例如，可以通过心理咨询、心理教育等形式，帮助学生调整心态，避免因技术进步而产生焦虑和恐惧。

真人的思考

超级大的“茧房”

与其担心 AI 信息茧房的问题，不如回顾一下历史，在没有互联网的时代，我们的信息更加闭塞。再往远古追溯，无论是空间上的村落、关系上的家族，还是思想上的文化宗教，绝大部分人的一生都局限于极为狭窄的范围内。就算有游牧民族、商人、海盗促进了跨界交流，整体而言依然非常封闭。如果当前情况是“茧房”，那过去都算得上是“牢笼”了，岂不非常恐怖！

有人认为 ChatGPT 直接给出回答的方式不如搜索引擎，没有信息列表，没有超链接，信息来源似乎非常“闭塞”，这其实是对生成式 AI 的误解与误用。无论是 BingChat 给出的文献链接，还是其他一些 AI 服务提供的关联问题，想要实现“视觉”意义上的信息开放，在技术层面上其实很容易。

事实上，预训练超级 AI 需要海量的数据资料，融会贯通之后才能最终形成拥有千亿乃至万亿参数的模型。**使用 AI 的过程就可以理解为“突破信息边界”的行为，最大难点根本不是 AI，而是使用者本身是否有意愿知道更多、理解更多……**

从书籍到报刊，从互联网到超级 AI，依照这样的趋势推演，我们大可不必担心。未来就算存在所谓的“信息茧房”，那也是一个超级宏大的空间，除非成为顶级创新者，否则根本触碰不到这个房子的边缘。第 5 问“AI 如何重塑我们的三观”里的那张示意图，可以让我们保持清醒。

家长与老师们与其担忧孩子是否会被 AI 建造的信息茧房限制成长，不如思考此前提出的“迷失自我”的问题，出门容易，回家很难！

信息熔炉与智能锤子

“手上拿个锤子，就想满世界找钉子”，这是对某些思维固化者的微妙讽刺。但仔细想想，我们似乎都是这样！所谓的“锤子”，不就是我们每个人的专业、特长或者兴趣吗？我们拿着不同的锤子，到处敲敲打打，世界才变得如此丰富多彩。

获得知识越来越容易，跨界思维越来越普遍，学科边界越来越模糊，常规意义上的专业更有被 AI 替代的风险，每个人都很难再用一两个简单的词汇描述自己的存在。手上没了锤子，心中没了钉子，游走于大千世界，只能到处看一看、摸一摸，除了各种唏嘘感慨，似乎无力改变什么了。

如果我们把 AI 定位成生产力工具，那就变成另外一个故事了。我们运用 AI 的跨界能力，更智能地从四面八方获取高价值数据和资源，不是简单地搜集与保存，而是进行深度整理与发掘，**构建具有自身特色的“信息熔炉”**，那 AI 非但不会束缚我们的思维，反而会成为我们提升能力的高效路径，**助力我们打造更加得心应手的“智能锤子”**，变成我们建设世界的工具。

互联网时代，休闲娱乐模式下形成的信息茧房，就像刷视频刷到眼睛酸涩，或者享受甜品之后痛恨肥胖，是快乐孕育出的痛苦；超级 AI 时代，创造模式下的信息茧房，就像苦思冥想之后的重大发现，或者坚持锻炼之后的健康体魄，是长期建设带来的愉悦。吹一口仙气，我们就能把为建设世界而打造的“信息熔炉”瞬间变成“娱乐元宇宙”，贴合自己的品位，尽情享受。

畅想美好之后，面对现实挑战，要想构建具有自身特色的信息熔炉，条件相当苛刻。**传统教育使用“学科、专业”这些通用的外部概念塑造每个人的自我认知，那些分数标签，离开学校场景就变得毫无意义。未来教育肯定会不断进化，从认知到设计，从实践到调整，每一步成长，都是由内而外建设“生命契约”的过程。**

这种驾驭信息的综合能力，显然需要从小培养，是当代家长和老师们最应该关注的课题，后面还会再度谈到。家长们还好，毕竟没有所谓的专业限制；教师就相对麻烦些，要跳出自身的学科思维，其实相当不容易，与其担忧孩子，不如尽早探索使用 AI 帮助自己跳出“学科茧房”吧！而此前曾经提到的“成长导师”制度，很可能就是学校教育未来发展的一种有效路径。

问学实践

1. 你使用社交型媒体工具（如头条、B 站、知乎、抖音、小红书等）时有什么习惯吗？有没有特殊的使用策略？是否感觉到了信息茧房的存在？在打破信息茧房方面，你积累了哪些经验？
2. 作为家长或者教师，在帮助孩子或学生拓展视野方面，你都有过哪些实践方案？感觉效果如何？如何进行更客观的评估？
3. 请提出更多有思考价值的问题。

第16问　写作、外语、编程、绘画，这些还要学吗？

这些科目还要不要学，显然是最“务实”的问题！

这个问题，对于在这些科目上有优势的学生来说，可能是会减弱其竞争力，也可能会彰显其优势；对于学习有压力的学生，至少意味着解脱。学科变化同时也直击家长的内心，孩子如何选择才更有竞争力？这些问题对教师也非常敏感，课程地位决定着教师们的价值感、稳定性以及收入水平，任何波动都是几家欢乐几家愁。除了标题中的这些科目，其实还有更多学科或技能，都面临着同样的疑问。是逐一讨论，还是整体把握呢？这背后有方法论吗？到底该学些什么呢？

AI 如何改变写作课程？	VS	既要，又要，还要
AI 如何改变外语教育？		突破临界值，不做门外汉
AI 如何改变编程教学？		青少年学业教育的 5 个新重点
AI 如何影响绘画学习？		

AI 的回答

AI 如何改变写作课程？

尽管 AIGC 的创作能力在不断提升，但这并不意味着学生就不需要学习写作，或者说写作就不再是学校教育的重要组成部分。不过教育领域的写作教学确实可能会发生一些变化：

1. **利用 AI 进行反馈和改进。**AI 可以快速并准确地提供反馈，帮助学生改进他们的写作。教师可以利用这一点，将更多的时间投入指导学生的创新思维和批判性思维的发展上。
2. **更注重思维和逻辑训练。**由于 AI 可以接管一些基础的写作任务，教育可能会更加重视发展学生的思维和逻辑能力，而不仅仅是语言技巧。
3. **更强调创新和个性表达。**AI 在模仿和复制已有的写作风格上可能做得很好，但在创新和个性表达上却有所欠缺。因此，教育可能会更加强调这些方面的培养。
4. **学习如何与 AI 合作。**学生可能需要学习如何最有效地利用 AI 来提升他们的写作。例如，他们可能需要学习如何给 AI 提供更准确的指示，以获取他们想要的结果。
5. **伦理和责任教育。**随着 AI 的使用越来越普遍，学生需要理解和掌握与之相关的伦理和责任问题。例如，他们需要了解何时和如何适当地引用 AI 的工作成果，以及如何判断 AI 生成内容的准确性和可靠性。

AI 如何改变外语教育?

就像 AI 写作技术并不能完全取代写作教育一样，尽管 AI 翻译技术的发展确实很快，但是学习外语仍然具有极其重要的价值。以下是我作为教育专家的几点建议。

1. **文化理解。**学习一种语言不仅仅是学习单词和语法，更是理解和欣赏与该语言相关的文化。这种深度的理解是 AI 翻译无法提供的。
2. **人际交流。**直接用一种语言进行交流，总是比通过 AI 翻译更能建立人际关系和理解力。良好的语言技能可以打开社交、商业和其他许多领域的大门。
3. **认知发展。**研究表明，学习第二语言可以提升认知能力，包括记忆力、注意力和解决问题的能力。这些都是 AI 无法帮助我们得到的。
4. **职业机会。**尽管有了 AI 翻译，但在许多行业，如教育、旅游、外交、国际商务等，掌握一种或多种外语仍然是一项非常有价值的技能。
5. **独立性。**如果我们过度依赖 AI 进行翻译，那么在没有 AI 的情况下，我们可能无法有效地与说不同语言的人交流。

AI 如何改变编程教学?

学习的价值并不仅仅在于写代码，它更是一种训练思维、解决问题和理解技术如何改变世界的方式。尽管 AI 的发展使得一些编程任务变得更加自动化，但这并不意味着编程教育就失去了意义。以下是一些原因。

1. **逻辑思维和问题解决能力**。编程是一种强调逻辑思维和问题解决能力的活动。通过学习编程，学生可以学会如何把大问题分解成小问题，如何步步推进以达到目标，这些能力在生活中的许多方面都非常有用。
2. **创新和创造力**。编程可以帮助学生发展创新能力和创造力。通过编程，学生可以创造自己的程序、游戏或者应用，这种创造力的发展是非常宝贵的。
3. **理解和控制技术**。在这个技术日新月异的时代，了解编程原理和计算思维将使我们更好地理解和控制技术，而不是被技术控制。
4. **未来就业前景**。尽管 AI 可能接管一些基础的编程任务，但在设计、创新和解决复杂问题方面，人类的作用仍然不可替代。IT 行业仍然有很多工作机会，而且需求还在持续增长。
5. **AI 的限制**。尽管 AI 的能力在不断增强，但它仍然无法完全理解人类的需求和目标。因此，我们仍然需要人类的程序员来设计、监督和维护 AI 系统。

AI 如何影响绘画学习？

这是一个深入且重要的问题。尽管 AI 的绘画能力在不断提高，但我仍然坚信学习绘画对孩子们的成长和发展具有极其重要的价值。以下是一些主要理由。

1. **表达和创新**。绘画是一种个性化的表达方式，可以帮助孩子表达他们的情感和想法。每个人的绘画风格和创新能力都是独一无二的，这是 AI 无法复制的。
2. **感官和手动技能**。绘画是一种需要感官参与的活动，可以帮助孩子提高观察力和手眼协调能力。AI 虽然可以创建出视觉上的艺术，但它无法体验到创作过程中的感官享受。
3. **思维发展**。通过绘画，孩子可以学习如何解决问题，如何创新，如何将抽象的想法转化为具象的形式。这些能力在生活的许多方面都非常重要。
4. **情感和自我发现**。绘画可以作为一种表达和处理情感的方式，帮助孩子理解他们自己和他们所处的世界。
5. **欣赏艺术**。学习绘画可以帮助孩子更好地理解和欣赏艺术。这不仅可以提升他们的生活质量，也可以帮助他们在日后的生活和职业中理解和创造美。

真人的思考

既要，又要，还要

前面 AI 给出的回答，虽然主语和内容完全不同，但整体却如出一辙，不仅是格式，更在于“价值观”。AI 已经具备了一个教育咨询者的基本素养，针对这些常规问题给出了四平八稳的回答，有时会让人感觉太“正确”、太“中庸”，以致相当乏味，而这恰恰就是教育的特点，美好的教育期望总是很相似，翻来覆去可以说上几千年。

单独看 AI 给出的每个回答，似乎都没问题，但如果放在一起，麻烦就来了。社会已经形成共识，普遍认为新一代的 AI 会引发教育重大变革，如果落实到课程内容层面，这也不会改，那也要保留，所谓的“重大变革”最终只是“重新包装”，岂不成了笑话？**按照这种惯性思维，最有可能的结果不是“AI 改变教育生态”，而是“教育生态收服 AI”**，把 AI 变成教学工具、课程名称、专业学院，在传统教育里勉强挤出来一块空地，让 AI 安营扎寨，好自为之。如此描述似乎有点讽刺，而这恰恰就是最常见的教育博弈。

每个学科都像一个生命力顽强的物种，涉及很多人的利益，怎么可能轻易放弃发展呢？每个学科都可以讲出一个充满希望的未来故事，AI 都会为它们赋能！既要、又要、还要，更多的需求必然需要更多的社会资源，但学生负担已经很重，延长时间显然不符合“双减”的政策导向，那该怎么办呢？学科和学科之间似乎也要卷起来了！

我们多次强调过，AI 是生产力工具。如果时间不变，那就提升教学目标，如果保持目标难度不变，那就缩减教学时间，否则“AI 提升教学效能”不就成了伪命题吗？是时间不变，提高难度，还是维持目标，缩减时间？也是两难！

回看历史，两种方式会同时进行，目标越来越高，时间越来越短！不是我们的学生命苦，这是人类文明进步的标志，超级 AI 会加速这样的混合趋势。

由于学校教育的变革相对缓慢，因此在这个快速变化的时代，家长们的行动就显得越来越关键，关键之处不在于教学替代，而在于教育选择。孩子不仅要吃好睡好，也要玩耍快乐，还要发呆做白日梦，留给学习的时间其实并不多！孩子更应该学什么，是个相当有挑战的难题！

突破临界值，不做门外汉

聚焦到写作、外语、编程、绘画等具体科目上，其实还有很多这样的课程，都很重要，但都不会像单科视角下所描述的那么重要。此外，从与就业接轨的角度去考虑，这些学科确实有“强弱”之分，但学生个人的情况也很重要，比如智商、兴趣、家庭背景、经济条件等。主客体相结合，才能更有效地决策“要不要学”。即便如此，未来还有太多不确定，要用发展的眼光来看待这些问题，功利选择很重要，享受成长的愉悦更重要！

把“要不要学”改为“学到什么程度”，更适合转化出一个粗略的模型，让思考不再停留在文字辩论的层面。如果再经过数字建模与实验，甚至可以深度改变学校教学体系的设计，虽然这还只是未来设想，但家长和教师已经可以用起来了！

如果完全不学，连基础的认知判断力都没有，别说 AI，就是神仙都帮不了你。浅尝辄止，AI 赋能很有限；**只有突破“临界值”，就可以在 AI 的辅助下实现自学成长以及简单的价值创造，这是学业教育应该追求的基础目标。对于不同的事业方向，临界值肯定也会有不同层级（图 4-2）。**有些领域 AI 助力很大，比如写作、编程，这些教育项目极具杠杆；有些方向核心则要靠个人实践，比如运动、劳动技能，AI 只能起到辅助作用；还有些科目以体验为目标，比如书法、茶艺，暂时就不需要 AI 来捣乱了。

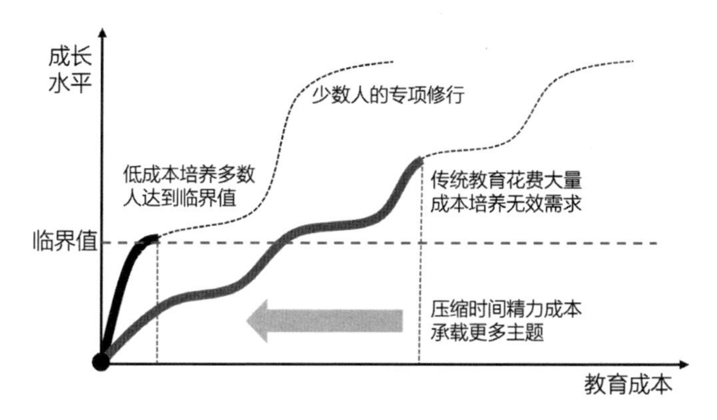

图 4-2　教育成本和成长水平的关系曲线

即使没有精准计算，对“成本—成长”非线性关系的理解也能帮助我们做出更优化的决策，不仅呼应“学以致用”的理念，也与“师傅领进门，修行靠个人”的古老智慧有异曲同工之妙，只要决定学，那就突破临界值，不做门外汉！

反观现代教育体系，学习好几年依然在门外打转的情况很普遍，最典型的莫过于“语数外”三门主科。辛苦学习十余载，语文写不好一条私信，数学算不清促销折扣，英语甚至都不敢开口，满满都是泪啊！这是整体教育生态的现状，显然不能让“应试教育”来背锅，否则好像只要不考试就能学好似的，站在字面意义上反对应试教育没什么意义。在 AI 辅助下以突破临界值为目标的教学，考试测评其实相当重要呢！

超级 AI 把学习这些主题的价值意义说得明明白白，还大幅度降低了跨越临界值所需要的时间和精力成本，何乐而不学呢？

青少年学业教育的 5 个新重点

超级 AI 带来时代变革，未来教育显然不会是传统模式的简单优化。传统基础教育以“年龄”为标准，暗含了三重含义：基础即简单，学不好就是智力低下；基础不实用，必须再学更多才能进入社会；基础能学完，高中以后就不需要学了。这种静态的教育观显然不适合未来的数字经济时代、元宇宙时代、乌卡（VUCA）时代①、巴尼（BANI）时代②……

结合“四业教育”模型，**其中的“学业教育”并不是简单的自学能力，而是多维度实现自我迭代的能力，是实现终身成长的关键**。跨语言能力仍是重点，我们已经足够重视了，没有太多新意可讲，因而省略。以下五个方向，是当前基础教育重视程度较低甚至被忽视的领域，都与 AI 密切相关，大致属于学业教育范畴，但对未来事业发展也有很强的影响力。这些并非全部，也没有重要程度排序，抛砖引玉供家长和老师参考。

第一，驾驭信息的能力，是数字时代所有能力的基础。所谓“驾驭”，融合着非常丰富的操作，比如获取、理解、甄别、归纳、挖掘、压缩、传递、解析等。AI 助力的效果太鲜明，以致人们可能会忽视自身能力的建设。目前的信息素养课程还很不完善，家

---

① 出自1985年美国经济学家沃伦·本尼斯（Warren Bennis）的《领导者》一书，包括 Volatile（不稳定）、Uncertain（不确定）、Complex（复杂）和 Ambiguous（模糊）。

② 2016 年由美国人类学家吉米斯·卡西欧（Jamais Cascio）提出，包括 Brittle（脆弱）、Anxious（焦虑）、Non-linear（非线性）和 Incomprehensible（难以理解）。

长可以尝试和孩子沟通，面对孩子提出的问题，重复五句话“不知道、不太懂、有兴趣、你查查、讲给我”，不够就再来一遍！

曾经浏览一份艺术学校的毕业作品报告，有些作品不错，有些作品太像 AI 的成果，而最终解密，整份报告包括导师、学生、照片、作品与介绍等所有内容都来自 AI 的杜撰，尴尬之余让人感到一阵惶恐。只有深刻理解 AI，关键时刻做出清醒判断，才能不被 AI 忽悠，也不被其他人“割韭菜”。

第二，理解概率的能力，能在动态信息流中不断调整认知，选择恰当的算法模型辅助自己做出决策。很多人理解概率就是百分比，从 0% 到 100%，非常简单！甚至有家长把概率思维和赌博、骗术关联起来，认为孩子学习这些会走偏。有人说大语言模型就是“基于概率的文字接龙”，这话没毛病，不理解概率就难以理解 AI。基础教育非常忽视概率教学，其实大错特错，应该从小学就重视起来。与概率相关的游戏非常多，家长和老师们有丰富的选择空间（图 4–3，解读见本小节末尾）。

第三，是实实在在的编程能力，而不仅仅是所谓的编程思维。虽然 AI 的编程能力非常强，但如果没有系统的编程知识，它甚至都无法给出有效的提示语。用 AI 编程就像开辅助驾驶汽车，驾驶技术可以不高，但要懂交通规则。编程在未来不完全是职业教育，而是基础语言能力，是理解并驾驭 AI 的关键。编程能力强的人，与 AI 紧密合作，自己就能完成非常高价值的创造，这类故事在互联网时代已经出现，未来更将成为常态，那学还是不学呢？

图 4-3　概率游戏示例

第四，项目管理的能力，就是与复杂社会开展协作的能力，其中也包括领导力。工业时代，管理者是极少数，大部分人都是“螺丝钉”。AI 打破了很多产业边界，越来越多的事务都以碎片化的“项目”方式呈现。就像管理学大师彼得·德鲁克[①]所说：“管理的本质不是控制，而是释放每个人的善意和潜能。”未来不仅有伙伴，还有自己，更有超级 AI！虽然项目式教学已经比较成熟，但通常只强调学习内容，未来更要积累学生对项目管理的意识和能力。

第五，人生经济学认知，不仅关乎财富，更是贯穿一生的决策和收益。稀缺是经济学的精髓，关键的稀缺品会左右经济的格局甚至文明的兴衰，比如曾经的战马和如今的芯片。有人认为教育的本质也是一种投资行为，同样符合经济学规律。超级 AI 会让很多资源在丰富与稀缺之间快速转换，比如文凭和专业。未来教育生态的稀缺品是什么？每个人的稀缺特征又是什么？学区房还

---

① 彼得·克鲁克（Peter Drucker，1909—2005），美国著名管理学家与社会生态学家，被誉为“现代管理学之父”，重要著作《管理的实践》《卓有成效的管理者》等。

重要吗？所谓的“人生经济学认知”，不只是专业技能，更是贯穿一生的认知修行，不仅要从娃娃抓起，大部分家长和教师也要及时给自己补充能量！

以上这些只是提议，青少年学业教育的重点，不仅仅是“语数外、理化生、政史地”这些学科的考试成绩，还有更多主题能为每个人的终身成长赋能，需要家长和教师们不断开拓与实践。

问学实践

1. 对于孩子正在学校学习的课程，放在 5 年、10 年、20 年后的时代场景下进行评估，哪些课程的价值依然存续？基于这样的判断，应该如何选择当前的学习策略？
2. 使用“四业教育”模型，尝试将你经历过的学校教育、企业学习与社会课程进行分类，看看分布如何？有哪些庆幸？有哪些遗憾？基于反思获得的经验，可以对孩子或学生提供哪些建议？
3. 请提出更多有思考价值的问题。

本篇附加的概率思考题解读：

在题目设定的条件下，“坚持选择”的赢率是 33%，而“变换选择”的赢率是 67%，理性决策就是每次都变更选择。需要注意的是，外部出现信息变化，并不意味着必然要改变选择，是否改变取决于自身的决策机制，也就是所谓的概率算法。

第 17 问　AI 如何推动科学教育?

科教兴国，科教兴国，科教兴国，重要的事情说三遍。曾经只在科幻小说中存在的超级 AI，如今已经近乎成为现实，这无疑是科技的伟大成就，同时也意味着科技竞争的进一步加剧。科技不会自行发展，高质量人才是推动科技进步的关键，对我们而言，培养拔尖人才是一直以来的痛点，过去的教育理念和机制，正在面临更为严峻的挑战！

超级 AI 赋能教育，能解答悬在我们心中多年的“钱学森之问”吗？我们培养出的高阶人才，还会像过去那样流失严重吗？学习科学，天赋重要还是努力重要？死记硬背肯定不是科学教育的正道，AI 会带来怎样的改变呢？作为家长或者老师，如何才能提升孩子的科学素养？

<table>
<tr><td rowspan="3">AI 如何助力中小学科学教育？</td><td rowspan="6">VS</td><td rowspan="2">多角度理解科技教育</td></tr>
<tr></tr>
<tr><td rowspan="2">迷局：科技卡脖子，教育怎么办？</td></tr>
<tr><td rowspan="3">科学素养，如何培养？</td></tr>
<tr><td rowspan="2">科学教育外三篇：科普、科创与科幻</td></tr>
<tr></tr>
</table>

AI 的回答

AI 如何助力中小学科学教育？

在科技日益发展的今天，人工智能已逐渐渗透到我们生活的方方面面，而教育是其重要的应用领域之一。尤其在中小学科学教育中，AI 的加入为提升学生的学习效率和兴趣、改变传统的教学模式提供了新的可能。

首先，AI 能够通过个性化的学习方案，提升学生的学习效率。科学是一个广博且复杂的领域，每个学生的学习速度和理解程度都不尽相同。AI 可以根据学生的实际情况，例如他们在某一科学概念上的理解程度、学习速度和兴趣等，提供针对性的教学内容和练习题。这种自适应学习方法使学生能够在自己的节奏下，深入理解和掌握科学知识。

其次，AI 能提供实时反馈，帮助学生和教师了解学习情况。AI 可以通过分析学生的答题情况，及时发现学生的学习难点，提供即时的帮助和解决方案。同时，教师可以通过 AI 获取学生的学习数据，了解每个学生的学习情况，以便进行针对性的指导。

最后，AI 的加入可以为科学教育提供更加生动的学习体验，激发学生对科学的兴趣。例如，虚拟现实（VR）和增强现实（AR）技术可以用于生物、化学、地理等学科教学，让学生通过直观的 3D 模型和仿真实验，深入理解复杂的科学概念和过程。

然而，虽然 AI 为科学教育领域带来了许多积极影响，但我们也需要关注其中的挑战。例如，如何确保 AI 的公正性，避免算法偏见？如何确保学生的隐私安全？这些问题都需要我们在使用 AI 的同时，进行深入的讨论和思考。

总的来说，AI 作为一种教育工具，正在改变科学教育的方式，提高学习效率，激发学生的学习兴趣。我们期待 AI 在未来的教育中，能够发挥更大的作用，为每一个学生提供更优质、更个性化的科学教育。

科学素养，如何培养？

“科学素养”是一个相对复杂的概念，不仅涵盖了对科学知识和技能的掌握，而且包括对科学思维方式的理解，对科学方法的运用，对科学在社会和日常生活中作用的认识，以及对科学道德和伦理的尊重。一个具有科学素养的人，不仅能够理解和评价科学信息，还能够在日常生活和社会问题中运用科学思维，更能批判性地分析科学事实，并对科学做出道德和伦理的决策。

要培养学生的“科学素养”，以下是一些有效的机制或举措。

1. 探究式学习。探究式学习可以激发学生对科学的兴趣，鼓励他们主动探求科学知识，参与科学实践。通过亲手做实验、收集和分析数据、解决实际问题，学生可以深入理解科学知识和技能，提高他们的批判性思维和问题解决的能力。

2. 整合科学与社会问题。在科学教育中整合社会问题，可以帮助学生理解科学在社会和日常生活中的应用和作用。比如，通过讨论全球气候变化、疾病传播等实际问题，让学生理解科学的重要性，同时培养他们的科学道德和伦理观念。

3. 多元化评价。除了传统的测试和考试，我们还可以通过项目评价、口头报告、实验报告等方式，评价学生的科学知识和技能，以及他们的科学态度和价值观。这样可以鼓励学生从多个角度了解和学习科学，而不仅仅是为了通过考试。

4. 教师专业发展。教师是培养学生科学素养的关键。我们需要通过教师的专业发展，提供科学教育的培训和资源，帮助教师提升科学教学的能力和水平。

5. 家庭和社区的参与。家庭和社区的参与也对培养学生的科学素养起着重要的作用。父母和社区可以提供实际的学习资源和机会，鼓励学生在日常生活中学习和使用科学，从而提高他们的科学素养。

以上的教育机制可以相互配合，共同提升学生的科学素养。不过，具体的实施方式需要根据学生的需求和背景，以及教育环境进行调整。

真人的思考

多角度理解科技教育

2023 年 2 月，习近平总书记在讲话中提出："要在教育'双减'中做好科学教育加法，激发青少年好奇心、想象力、探求欲，培育具备科学家潜质、愿意献身科学研究事业的青少年群体。"

2023 年 5 月，教育部等十八个部门联合印发了《关于加强新时代中小学科学教育工作的意见》，这是一份指导性文件，全面阐述了基础教育阶段科学教育的内涵、原则、目标、标准和发展策略等方面的内容。由于中小学设置的学科名为“科学”，故而标题使用“科学教育”与之呼应，实际内容则是完整的“科学与技术综合教育”。虽然文件并没有直接强调人工智能相关人才的培养，但颁布时间处于超级 AI“千模大战”的浪潮之初，背后的深意非常值得细细品味。

科技教育被纳入大国战略竞争可以追溯到 1957 年，苏联发射的人造卫星从美国上空飘过，极大地刺激了美国人的不安全感，美国继而很快就颁布了《国防教育法案》，通过投资推动美国高校加强对科技领域的重视。但仅仅强调“科学 + 技术”依然不够完整，1986 年，美国国家科学委员会把“数学（Mathematics）、科学（Science）、技术（Technology）、工程（Engineering）”合并在一起强调整体发展，后来就形成了“STEM 教育”的概念，成为国际上非常流行的现代教育理念。

STEM 继续演化，出现了“STEAM”的表达，而新加入的“艺术（Art）”元素又给科技教育带来了人文气息和价值拓展空间。与此同时，也有学者倾向于把 Art 翻译为完整的“人文艺术”，重构出“A-STEM”的表达，以此突显人文素养对科技能力的引领作用，这在人工智能时代显得尤为重要，而且与“立德树人”的基本理念相吻合。

在大众认知中，“科技教育”有时会被简化为“理工科”，几十年前就流行着“学好数理化，走遍天下都不怕”的教育理念。事实上，科技教育的内涵早已经不拘泥于理工科范畴，几乎所有人文学科的学生也都要学习科学思维、数理统计方法并且依赖大量计算工具。

科技是第一生产力，而 AI 是现代科技最重大的突破，其定位恰恰又是生产力工具。**超级 AI 时代，科技教育的社会地位将会进一步提升，但如果对科技的认知还停留在学科层面，就很难培养出高水平的综合人才。**

我们确实需要更高一层的思维。科技教育并不是把科技作为教育的学科，也不是用科学理念和技术工具升级教育，而是把科技作为自然主语，整体推动教育生态的同步迭代。

科技有自己的“意识”，只有教育治理策略与必然的科技趋势相匹配，才能实现三赢的局面——“科技进步，教育发展，人才成长”。那这三者到底是什么关系呢？最容易出问题的地方又在哪里呢？

迷局：科技卡脖子，教育怎么办？

中美关系非常纠结，“科技卡脖子”是最能引发大众关注的话题，芯片又是其中的核心焦点。美国经济学家克里斯·米勒（Chris Miller）的《芯片战争》，揭开了一个复杂的局面，科技豪赌、商业竞争、大国博弈、军事威慑等因素搅和在一起，以芯片为代表的科技竞争与合作还将长期持续，中国和美国就是其中的主导角色。

高端科技竞争，既没有大力出奇迹的简单策略，也几乎不存在完全独立发展的路径。成为最新科技的消费者确实很容易，花钱就好，但要想成为科技发展的推动者甚至引领者，那就是完全不同的故事了。

党的二十大报告指出“**教育、科技、人才是全面建设社会主义现代化国家的基础性、战略性支撑，必须坚持科技是第一生产力、人才是第一资源、创新是第一动力**”。我们尝试用下面的图形，表达不同概念之间的关系（图 4–4）。其中，优质教育培养人才，拔尖人才推动科技，包括创新与教育、人才与科技的关系，似乎都非常顺畅，**最麻烦的问题在于“科技能否促进教育创新、如何促进教育发展”**？

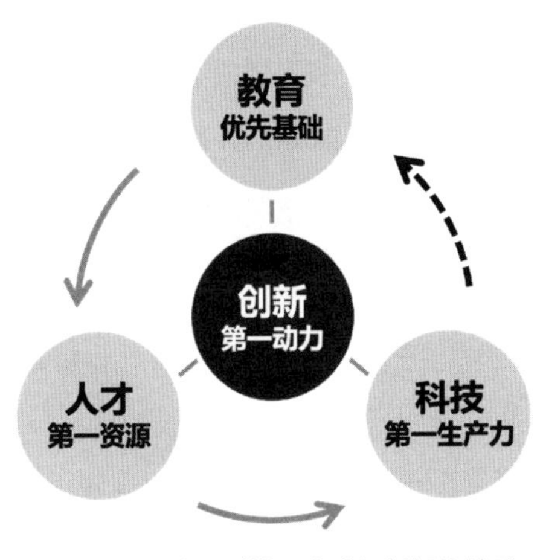

图 4–4　教育、科技、人才与创新的关系

本书整体都在讨论“超级 AI 与未来教育”的关系，结论似乎显而易见，但其实不然，教育界对于“科技促进教育”的判断相当保守。把科技当作教学内容，或者把技术工具引入教学与学校管理，这都非常简单，而让科技发展促进教育理念、教育制度、教育生态的创新，却极为困难。就连史蒂夫·乔布斯都曾经发出

感慨："为什么计算机改变了几乎所有领域，却唯独对学校教育的影响小得让人吃惊呢？"

提到"乔布斯之问"，就不能不提"钱学森之问"，进入 AI 时代，我们能培养出杰出的科技创新人才吗？还是反向趋势，我们更难培养出世界顶级的人才呢？**科技被"卡脖子"，虽然非常难受，但通过贸易等方式多少还能弥补一些；如果教育被"卡脑子"，可能只会稍微有点不舒服，但后果会更加严重。**ChatGPT 的出现对我们而言是一个警示信号，超级 AI 不仅是生产力工具，其所引发的思维革命，将对整个教育生态都产生深远影响，不是简单优化，而是跨越进入下一个代际，或者螺旋上升至全新的层级。

OpenAI 公司有接近 1/3 的技术人员是华人，这或许可以从侧面说明华人族群在智力天赋和基础教育方面的优势。展开想象，超级 AI 激活未来教育，如果人才培养的效率获得 10 倍提升，超级 AI 赋能产业创新，再推动科技实现 10 倍效能，那整体就会有 100 倍的差距。虽然只是类比，却足以说明代际差距的巨大威力，就像用大刀对抗大炮，仅仅凭借"人数多，天赋好，更努力"，效果会越来越弱。与此同时，我们还应该考虑人才流动机制的变革趋势。"聚天下英才而用之"，是强竞争的模式，仅仅依靠产业端显然不足以构建起完整的吸引力，顶级人才更需要可持续成长，教育环境与资源的支撑力是更关键的因素。

教育发展本身就非常保守，超级 AI 肯定会带来一些"变化"，但能否达到"变革"的程度，并不是必然。不仅要战术得当，更要战略领先，才有可能在复杂的竞合迷局中取得先机。我们追求的方向是“人类命运共同体”，科技如何推动教育变革，就不仅仅是短期竞争的需要，而是更长远的课题，承载着人类文明发展的重大使命。

科学教育外三篇：科普、科创与科幻

以正统课堂教学为基础的科学教育，我们已经很熟悉，而这并不是科学教育的全部。这样的教学，可以转化为考试成绩，却不见得能有效转化为科学素养。**科普、科创与科幻，是科学教育不可分割的组成部分，将会扮演越来越重要的角色。**

在前面提到的那份教育部文件中，“科普”一词出现的频次非常高，不仅学校要重视，还要用好社会大课堂，同时还要把家庭作为科普教育的重要场景。某种意义上，科普就是科学和娱乐的跨界融合，通过科技馆的展示装置、科普纪录片等形式，用生动而有趣的方式解释复杂的科学原理，激发学生对科学的兴趣，科普教育确实功不可没。

科学教育还可以更进一步，从知识到实践，从科普到科创。围绕 STEAM、创客、机器人、3D 建模、少儿编程等概念，市场上出现了非常多的科创教育和比赛项目，甚至很多玩具厂商也积极参与其中。在科创教育实践中，学生不再只是知识的接收者，而是运用者，需要面对现实挑战去解决问题。

再进一步，从科创到科幻，教育价值的挖掘还处于萌芽阶段。科幻通常被人们理解为是纯粹的娱乐，将其纳入教育范畴似乎有些离谱，目前在教育场景里的应用最多只是当作科学教育的素材，

往往还是反面典型呢！现实中的“不科学”常常只是一些魔术技巧或者恶意骗术，而科幻作品里才是真的“不科学”。好在有越来越多的家长和老师，把科幻视为激发孩子想象力的工具，多少才让科幻有了一点正面意义。

超级 AI 赋能未来教育，科幻教育极可能成为一个新的热点，重点不是让学生观看更多的科幻作品，而是推动学生通过创作科幻作品激励自身成长。科普教育的核心是认知世界，自己只是旁观者；科创教育稍微深入一些，通过完成作品、参加比赛积累经验并获得成就感；而科幻教育则是预判科技趋势，深度思考自己在未来时代的角色，充分发挥想象力，创造属于自己的“英雄之旅”。**在 AI 的辅助下，创作故事非常容易，而思考自己与未来的关系，才是真正的挑战，更是实实在在的赋能，让未来的自己与现在的自己合作完成项目，这种“梦想成真式的科幻”，就是探索自己的“生命契约”的重要过程。**

现实中，已经有学校开始实践，在教师指导下，五年级学生就能创作出长达两三万字的英雄科幻小说。此外，中国 STEM 科创教育协作联盟也有相应规划，意在协同推动科普、科创与科幻教育的深度实践。

科学教育，不仅探索未知的世界，更要发现未来的自己。

问学实践

1. 中国每年发表的科技论文数量已经超过美国排名世界第

一，但为何我们依然感觉科技水平落后美国很多呢？接下来的挑战会是什么？尝试与身在高校或科研机构工作的朋友交流，看看他们对科技教育有何观点？

2. 作为家长或老师，你希望自己的孩子或学生将来成为科技人才吗？如何判断他们是否拥有成为拔尖科技人才的潜质呢？数理化生的学科成绩是最关键的指标吗？除了成绩，还有哪些标准？对于科技教育，你有哪些独特的心得？
3. 请提出更多有思考价值的问题。

第18问　未来最好的就业方向有哪些？

随着科技的飞速进步以及全球经济格局的剧变，就业市场即将进入一个动荡时期。每个人都希望能够把握未来的趋势，根据自己的特长，选择具有最大潜力的专业或职业道路。

许多家长都期望为孩子的未来多做些积极的准备，如发掘兴趣、培养特长、积累荣誉、进入名校、建设人脉等，甚至尝试为孩子的未来就业提供建议和指导，鼓励孩子尽可能选择那些前景光明的行业。尽管大部分家长都明白，他们很难决定孩子最终的就业选择，但这样的思考仍然有积极意义，因为其中的受益人可能不仅仅是孩子，更包括自己。

<table>
<tr><td>未来20年的重大行业契机</td><td rowspan="3">VS</td><td rowspan="2">让AI测算未来，靠谱吗？</td></tr>
<tr><td>人工智能方向的就业前景</td></tr>
<tr><td>AI行动指南：家长如何助力孩子的就业？</td><td>就业与事业</td></tr>
</table>

AI 的回答

未来 20 年的重大行业契机

预测未来 20 年发展最快的行业领域固然具有挑战性，但我们可以基于目前的技术发展趋势，以及社会经济的需求变化进行推测。以下是我认为可能会有巨大发展的一些领域。

1. 人工智能与机器学习。随着 AI 技术在各种行业中的应用，如自动驾驶、医疗诊断、自然语言处理、无人零售等，AI 和机器学习方面的专家将会有更多的就业机会。
2. 数据科学。随着我们进入“大数据”时代，公司愈发需要数据科学家来理解并利用这些数据。
3. 生物技术和基因编辑。随着 CRISPR 和其他基因编辑技术的发展，我们预期这一领域会有更多的工作机会，尤其是在健康和医疗领域。
4. 可再生能源。随着全球对气候变化的关注，人类对可再生能源的需求将会增加，比如风能、太阳能和水能等。
5. 远程工作和数字化协作。疫情的爆发使得远程工作和数字化协作成为新常态，在这方面具备技能的人才会越来越多。
6. 电子商务。随着网络购物的普及，电子商务领域的需求会进一步增加，包括电子商务平台开发、数据分析、用户体验设计等。
7. 网络安全。随着数字化的发展，网络安全方面的需求也会日益增加，包括个人信息保护、企业数据安全等。

8. 虚拟现实和增强现实。随着技术的进步，VR 和 AR 可能会在娱乐、教育、健康等领域有更广泛的应用。

以上只是对未来可能趋势的推测，并不保证其准确性。实际的就业市场将受到许多因素的影响，包括技术进步的速度、政策的变化、社会经济的需求等。

人工智能方向的就业前景

人工智能领域的发展正在全球范围内引发深远的变革，这使得 AI 专业的就业前景日益广阔。未来 20 年内，随着 AI 技术的深入研究和广泛应用，我们可以预见 AI 专业将会呈现出以下的就业方向和挑战。

首先，AI 将进一步渗透到各个行业中，形成广泛的跨行业需求。医疗、金融、教育、娱乐、运输、安全等行业，都将需要 AI 的技术支持。AI 专业的学生不仅可以在科技公司找到工作，也可以在各行各业的企业中找到属于他们的位置。这不仅需要他们具备强大的 AI 和机器学习能力，还需要他们对相关行业有深入的了解，能够将 AI 技术与实际问题相结合。

其次，AI 的发展也将带来新的就业岗位。例如，数据科学家、AI 伦理顾问、AI 系统审计员、AI 训练师等职位将会越来越多地出现在就业市场上。这些新的职位需要 AI 专业的学生具备跨学科的知识和技能，如数据分析、人机交互、伦理学、法律等。

然而，这些就业前景的实现也面临着一些挑战。AI 技术的使用和开发需要遵循更严格的伦理和法规，这对 AI 专业的学生提出了新的要求，他们不仅需要掌握 AI 方面的技术知识，也需要理解相关的伦理和法律原则。AI 技术的快速发展意味着 AI 专业的学生需要具备持续学习和适应新技术的能力。这是一个挑战，也是一个机会。只有持续学习，才能在这个快速变化的领域中保持竞争力。随着 AI 技术在全球范围内的广泛应用，AI 专业的学生需要具备全球视野，理解不同文化和社会背景下的 AI 应用。这需要他们具备跨文化交流的能力，能够在全球范围内开展工作。

总的来说，未来 20 年的 AI 就业方向将非常广泛，同时也充满挑战。无论是 AI 技术的深入研究，还是 AI 应用的广泛推广，都需要我们 AI 专业的学生具备强大的技术实力和广阔的视野。而面对这些挑战，我们也应看到其中蕴含的机会，通过教育和培训，培养出更多的 AI 人才，为未来的 AI 时代做好准备。

AI 行动指南：家长如何助力孩子的就业？

1. **提供多元化的学习体验**。让孩子接触各种不同的学习体验，帮助他们发现自己的兴趣和天赋，这可以包括各种课外活动，比如科学俱乐部、艺术和音乐课、编程课程、体育活动等。
2. **强调技能而非特定职业**。未来的就业市场可能会变得很不同，很多现在存在的工作可能会消失，而很多现在不存在的工作可能会出现。因此，培养孩子的技能和适应性可能比专注于特定的职业更重要。这些技能可能包括批判性思维、问题解决的能力、沟通能力、领导力、创新思维、适应新技术的能力等。

3. **教育成长心态**。帮助孩子理解，失败和挫折是成长的一部分，而不是终点。这种心态可以帮助他们在面对困难和挑战时更有韧性。
4. **鼓励探索和创新**。通过各种方式鼓励孩子尝试新事物、解决问题、创造性思考，比如让他们参与家庭决策、鼓励他们发起自己的项目或活动、让他们参与解决家庭问题等。
5. **聆听并支持他们的兴趣**。父母应该尊重和支持孩子的兴趣，而不仅仅是认同他们认为有前途的职业。一个人如果对自己的工作有热情，更可能取得成功。
6. **提供职业教育**。当孩子逐渐长大，可以让他们接触更多的职业信息，通过职业讲座、实地考察、实习等方式帮助他们理解各种职业的需求、工作内容、需要的技能等。
7. **模型角色**。你自己的态度和行为是孩子最重要的榜样。通过积极的工作态度、追求终身学习、面对挑战的勇气，你可以给孩子树立一个良好的榜样。

总的来说，父母的目标应该是帮助孩子发展他们的潜力、追求他们的兴趣，而不仅仅是追求某种特定的就业领域。

真人的思考

让 AI 测算未来，靠谱吗？

“一命二运三风水，四积阴德五读书，六名七相八敬神，九交贵人十养生”，这是中国传统文化里最通俗的“成功学模型”，虽然大部分人都记不全，但无论如何，对“命运风水”肯定如雷贯耳，甚至有很多人坚信不疑。

纵览人工智能行业，“AI 算命”或许是最早实现商业闭环的业务，大众的向往，小众的刚需，服务人们的前途，自身也就有“钱途”！当然，我们是抵制封建迷信的，算命之类的事情也并不可靠。

但超级 AI 出现之后，我开始有些犹豫，甚至转变了认知。那十大成功要素，除了四阴德八敬神之外，其他方面只需要进行细致的定义，AI 都能给予不同程度的评估。数据和算法，确实比我们的直觉更能判断当下的境况与未来的趋势，甚至还能提出不错的建议。**有人提出应用 AI 的基本策略就是“AI 预测分析 + 真人选择判断”，这似乎和“传统的算命”相当接近了。**

超级 AI 的预测能力，将对教育产生深远的影响。学校分布、专业设计、高考招生机制，都可以基于 AI 的预测调整教育资源的结构，间接影响很多人的命运轨迹。学校教育与社会就业不能距离太远，导致“学无所用”，也不能距离太近，因波动太大而影响学生的成长。如何建立这样的弹性机制，是数字时代职业教育面临的重大挑战。

三百六十行，没人全部了解，结合社会趋势与个人数据，让 AI 帮助每个人进行“事业”选择，是否会成为未来的就业趋势呢？站在个体角度，当然没问题，相当于咨询服务，内容价值很有益；站在宏观角度，当然也没问题，相当于社会就业趋势分析，数据作为决策参考。但未来整体是一个混沌系统，充满着各种蝴蝶效应，不可预测事件不仅多而且影响力很强，这已经不是“运气”问题了，而是社会的“必然”。

传统的算命之所以是迷信，不仅是因为算法先天不足，而且其核心通常是强烈暗示人只能接受命运的安排。**而 AI 预测的最大不同是，它强调“评估”而非“预言”，推动“选择”而非“接受”**。如果一个人希望“逆天改命”，还可以选择概率低、难度大的发展方向，在艰难的探索中历练自己，就像著名心理学作家斯科特·派克[①]的代表作《少有人走的路》所指引的那样，每个人都是自己命运的主人，可以自主追求事业的成就感和人生幸福感。

就业与事业

想象很丰满，现实很骨感，就业难题实实在在摆在面前。很多现象，比如招聘歧视多、专业难对口、就业心态比较高、薪资落差等，本就是天然的社会矛盾，几乎无法解决；而有些则是发展过程中出现的结构性矛盾，比如专业设置过时等，只能保持敏感随时调整。不同地方的政府都非常关注“就业率、失业率”这些指标，小心翼翼地进行着各种政策调控。

超级 AI 会对就业产生哪些影响？或者说 AI 时代，个人工作会有哪些变化？家长、老师乃至于青年学生，简单思考下就能有积极收获。**与其追求最好的“就业选择”，不如由内至外建立对**

---

① 斯科特·派克（Scott Peck，1936—2005），美国作家、心理治疗大师，著有《少有人走的路》系列作品，是全球范围最畅销的心理学书籍之一。

“事业教育”乃至“事业发展”更完整的认知，尤其重视科技元素在其中的影响力。

事业是个非常笼统的概念，用下面这个新模型来理解，事业教育的首要任务，就是拓宽视野的宽度，两个大圈内的所有区域，都是人生不可或缺的事业，都是事业教育所要关注的领域，只是应对策略各有不同（图 4–5）。

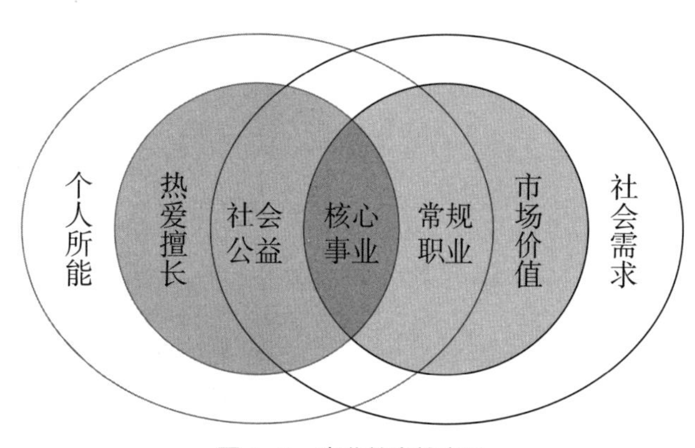

图 4–5　事业教育的内涵

传统职业教育只重视个人能力与市场价值的重叠部分，优先满足市场需求，鼓励“干一行，爱一行”，基于工作构建起核心事业，强调深耕竞争力。举个反面例子，苦练多年赢来的“点钞能手”称号，不仅被点钞机打败，更被电子支付的浪潮淹没。社会变化越来越快，很容易让许多狭窄领域出现剧烈动荡，不是市场价值出现缩水，就是个人感到职业倦怠，陷入所谓的“事业低谷”。

未来的事业教育，主流策略可以描述为“双向弹性融合机制”，既关注社会需求与市场变化，又经营个人所能与热爱领域，让重叠区域始终保持腾挪的空间。埃隆·马斯克在接受记者采访时的观点与此非常接近："青少年要对多领域建立理解，同时深度挖掘自己的兴趣和能力，并不断寻找重合的部分。"

AI 会对很多职业的市场价值产生影响，有些放大，有些缩小，也确实会给很多人带来挑战，要保持对市场的敏锐相当不易，绝大部分人都会随波逐流。而与此同时，AI 对经营自己热爱擅长的领域提供了丰富的支持，只要合理规划，汇聚资源，从陌生到擅长会非常快，虽然过程中挑战不少，但也能转化为成长的乐趣。总之，**不是以"不变"应万变，而是以"自变"应万变！**

家长或老师们可能会发现，"事业教育"绝不是高考选择专业或者毕业应聘工作这么简单，强大的自变与应变能力，显然需要从小培养，大概从小学高年级就应该开始了。家长引导孩子了解自己所在的行业、职位、企业，就是简单的第一步。

超级 AI 时代，**与其寻求最好的行业职业，不如建设更有效的事业认知，不仅为学校教育建立更多场景，更为终身事业发展种下更多的种子。**

问学实践

1. 阅读 AI 给出的未来优势行业分析，看看这些变化对你所在行业 / 职业将产生怎样的影响。浏览 AI 给家长教师的行动建议，看看自己能为孩子做些什么。
2. 参考事业教育的"双向弹性融合机制"，作为家长或老师，你目前的常规做法里哪些有益，哪些无效，哪些未来会需要？目前可以尝试做哪些有益的创新？

3. 请提出更多有思考价值的问题。

第五章

超级 AI 给赋能，教学效率提多少？

超级 AI 风靡世界，
主打的就是“效率”！
在科技探索者的畅想里，
很多工作，很多行业都要被改变。
教育的效率是什么？
学得更快、学会更多、分数更高、成本更低……
为了效率，在竞争的路上飞奔，
这就是我们孜孜以求的未来教育吗？
深入教育的细节，
争取发现超越效率的维度。

第19问　未来的智慧课堂会怎样?

提起“AI如何改变教育”，其实绝大部分人思考的都是“AI如何改变教学”，而且特指学校里的课堂教学。看似一字之差，其实万千不同。不过也没办法，“课堂教学”对我们而言是刻骨铭心的存在，更是现代教育的图腾。

不同的课堂理念、教学模式或教材工具，就能孕育出截然不同的学校特征。甚至有人认为，如果AI没有改变课堂教学，对教育的影响就可以忽略不计。真的如此吗？课堂教学还会是未来教育的核心场景吗？尝试跳出家长或教师的身份，看见未来课堂的影子。

AI导游：欢迎来到未来智慧课堂	VS	智慧教室的冰火两重天
		智慧教育的三次转化
AI对不同学科教学的赋能		智慧课堂：一场穿越旅行

AI 的回答

AI 导游：欢迎来到未来智慧课堂[①]

欢迎来到人工智能时代的新课堂！在 AI 时代，课堂上的数字设备必不可少。

智能黑板可以用来显示和保存上课的信息，不仅可以写字、画画，还可以播放视频、音频等，更重要的是可以保存上课内容，以便学生回顾学习。

虚拟现实眼镜是一种可以让人们进入虚拟世界的设备。在未来的课堂中，学生们可以通过虚拟现实眼镜来体验不同的场景和环境，比如参观博物馆、探索太空、进行历史重演等。这不仅可以增强学生的学习乐趣，还可以提高他们的记忆力和想象力。

智能课本是学生学习的基础，除了有传统的书本内容外，还可以有视频、动画、模拟实验等多媒体内容，帮助学生更好地理解学习内容。

智能笔记本可以记录上课的内容，学生可以随时查看记录的内容，并且可以结合自己的学习情况进行笔记。

智能投影仪可以让学生更加直观地了解知识，可以显示文字、图片、视频等内容，让学生更好地理解学习内容。

不同学科的上课风格也有所不同。比如，数学课可能会有更多的模拟实验，让学生更好地理解概念；语文课可能会有更多的互动游戏，让学生更好地理解文章；英语课可能会有更多的视频

---

① 本篇内容是要求 AI 扮演导游角色创作的智慧课堂讲解词。

教学，让学生更好地了解英语文化。

在人工智能时代，课堂中的师生关系也发生了变化。老师不仅仅是知识的传授者，更是学生的导师，帮助学生更好地理解学习内容。同时，学生也不再是被动的接受者，而是主动的学习者，可以结合自己的学习情况，选择合适的学习方法，更好地掌握学习内容。

总之，人工智能时代的课堂变得更加丰富多彩，学生可以更好地掌握学习内容，提高学习效率。希望大家能够好好利用这些设备，取得更好的学习成果！

AI 对不同学科教学的赋能

1. 语文。AI 可以提供大量的文学资料、评鉴和背景资料等，帮助学生更好地理解文学作品，还可以提供语音评测等功能，帮助学生练习口头表达能力。
2. 数学。AI 可以提供动态的数学题库和动态图形模拟解决方案，帮助学生更好地理解数学概念和原理，提升数学应用技能。
3. 英语。AI 可以提供语音识别和丰富的评测功能，帮助学生更好地练习听力和口语表达能力，辅助他们完成英语单词记忆和语法练习等内容。
4. 物理。AI 可以模拟物理实验场景并分析实验数据，帮助学生更好地理解物理定律和概念，及时评估学生的学习成果。
5. 化学。AI 可以模拟化学反应和分子结构以及虚拟仿真实验，帮助学生更好地理解化学概念和原理，提升化学实验技能。

6. 生物。AI 可以模拟生物实验场景、展现生物生长过程、分析生物生理数据，帮助学生更好地理解生物定律和概念。
7. 信息。AI 可以提供智能编程学习、人工智能的技术应用和分析，帮助学生更好地了解人工智能技术的发展，并能充分使用人工智能技术。
8. 历史。AI 可以提供历史事件的模拟和还原，帮助学生更好地了解历史事件的背景和影响。
9. 地理。AI 可以提供地球仪和地图的虚拟仿真实验、地理现象的模拟和预测等，帮助学生更好地了解地理概念和地理规律。
10. 政治。AI 可以提供思想教育的虚拟仿真实验、重大政治事件的报道和分析等，帮助学生更好地了解思想教育概念原理和政治形势动态。
11. 道德与法律。AI 可以提供事件的模拟还原和过程分析，帮助学生更好地理解事件的影响和后果，掌握道德与法律知识和思考方法。
12. 美术。AI 可以提供数字艺术作品的展示、拆解和分析，帮助学生理解艺术作品的概念和技巧，辅以丰富的艺术史内容，更好地了解艺术的发展演变。
13. 音乐。AI 可以提供音乐作品的模拟展现、数字创作和音乐史信息，帮助学生更好地了解音乐作品的概念和技巧，理解音乐的文化和演变。

14. 体育。AI 可以提供体育比赛的模拟和训练、制订身体锻炼计划并提出建议等，帮助学生更好地掌握体育技能、提高身体素质，以及赢得体育比赛。

15. 劳动。AI 可以提供各种劳动工具的使用方法、虚拟仿真实验、实践指导，帮助学生更好地提升生活劳动能力。

真人的思考

智慧教室的冰火两重天

政府提供大量资源帮助学校升级硬件设备，有些是普适化升级，比如智能黑板或智能课桌；还有很多专门建设的主题教室，比如电脑教室、VR 实训室、数字地理教室、数字影像实验室、AI 机器人教室等。这些炫酷的智慧课堂常常被当作学校发展的重大成果，接待的参访者络绎不绝。从 20 世纪末的电化教学到网络化、信息化，再到当前的智能化，教育数字化发展欣欣向荣！

然而，故事还有另外一面。动辄几十万上百万的建设费用，常常只用来支撑某个主题特色班级，20 多个学生一学期总共十几节课，成本平摊到每个学生的使用时间，是一个相当恐怖的数字！有些探索型的实验，比如注意力头箍、全程面部识别等，引来师生家长们的抵触，效果也很难发挥。昂贵的设备需要悉心照料，平时禁止其他师生触碰，担心弄坏没有经费维修。有些已经坏掉的设备，依然要摆在那里讲述面向未来的教育故事。很多专家面对这种情况，现场鼓掌点赞，转身唉声叹气。

智慧课堂，到底是教育的必需品，还是奢侈品？满足了谁的什么需求？到底解决了哪些教育问题？到底促进了多少学生的成长？建设起来却不充分使用，算是铺张浪费，还是弄虚作假呢？我们每个人身上，这种浪费现象是不是也很严重呢？其实很多先进的东西使用率都不高，虽没有产生可观的教育价值，但也是有价值的，抛开贪污受贿等违法行为，谁还没有点虚荣心呢？

冰火两重天，或许是对这种情况的形象描述。我们不能一味赞美或者批判，教育很贵、很慢、很模糊，这些都决定了教育中必然存在很多浪费。其实更大的浪费不是硬件，而是时间，我们每个人对此都深有感触。学了很多却用不上，在无声无息中遗忘殆尽，三五年光阴换来一张文凭，只是为了向社会传递一个所谓的能力信号。美国经济学家布莱恩·卡普兰（Bryan Caplan）的新作《教育的浪费》一书，就深度分析了这种诡异的教育现象。

爱因斯坦曾说："教育就是把学校所学忘光后剩下的东西。"浪费就是教育的必然属性，越是前沿性的探索，浪费率越高。教育数字化发展的道路如此曲折，浪费如此严重而且无法避免，智慧课堂似乎一点都不"智慧"。那该怎么办呢？

智慧教育的三次转化

教育数字化发展，越是进入智慧教育阶段，越是发现浪费严重，尤其当前还处于建设初期，设备更新升级特别快。智慧教育还不够"智慧"，要想节约却无从下手，总不能退回到水泥黑板的时代吧，着实很无奈！

要理解这样一个悖论，我们尝试总结了一个极致简化，甚至不近人情的公式，**虽然不精准，却更容易把握教育数字化转型中的规律和挑战，我们姑且称之为“智慧教育的三次转化”吧**（图 5–1）。

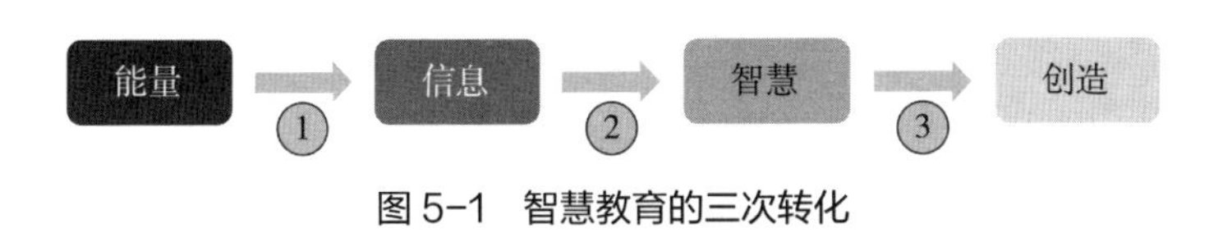

图 5–1　智慧教育的三次转化

第一次，能量转化为信息。我们把建设学校、聘请教师、配置教材、升级教室、优化制度，以及家庭在教育子女上的付出，统统打包进一个黑盒子，不论内部细节多么复杂，从外部看就是输入各类资源和能量，输出教育信息的过程，其中包括教师课堂教学以及师生沟通等。

第二次，信息转化为智慧。学习者接收到这些信息，转化为自己的智慧。虽然心理学和脑科学家们对此进行过很多深度研究，学习的过程也类似一个黑盒子，虽然心理学和脑科学家们对此进行过很多深度研究，仍有大量未解之谜。

第三次，智慧转化为创造。学习者收获智慧，实现成长，基于自己的社会角色完成价值创造。这一步涉及社会各行各业的复杂运作，虽然不完全是黑盒子状态，我们依然可以忽略所有细节。

教育很慢又很贵，三次转化的效率其实都不高，哪个是相对更容易改善的呢？**AI 科技，对第一次和第三次转化都极具赋能价**

值，对第二次的影响会弱一些，但也有意义。我们通常讲的教育，只包含前两次转化，机遇与瓶颈共存！

站在“能量换信息”这个视角，超级 AI 给教育带来的机遇，可能会超越印刷术的意义，甚至可以比肩文字的发明。OpenAI 每天要支付百万美元电费以支持 ChatGPT 的运作，虽然耗能很严重，但平均下来，每千字信息的输出成本不到 1 分钱，未来甚至可以忽略不计。要想提升信息的品质，除了优化算法，关键还有数据，未来的智慧校园系统，就是持续产生高质量本地化数据的保障。整体而言，由于机会实在太大，探索过程中产生一些失败和浪费，都是积累经验的必要成本。展开想象，未来可期！

善于驾驭信息的人，通过读书或独自思考就能获得智慧成长，而愚笨之人，就算面前放着金玉良言也无动于衷。超级 AI 确实很难直接提升人们转化智慧的水平，但也不能完全放弃，至少可以通过 AI 帮助减少课堂中的“伪学习”现象，比如听不懂、跑神、睡觉等。**如果希望“信息换智慧”的效率能真正提升，那就期待未来脑机互联技术的飞跃吧！**

教育的智慧，不在于追求极致的转化效率，而在于整体持续改善，永远不会完美。超级 AI 的加入，创造出很多可以改善的机会，努力让人们的智慧多一些，便是教育者为人类带来的创造吧！

智慧课堂：一场穿越旅行

教师们肩负着“传道授业解惑者”的名头，如果学生没有学会些什么，似乎就有辱其教育者的使命，因此他们常常开启填鸭式教学模式，把自己搞得很累，把学生搞得也很累。

其实我们的传统文化已经给出了直白的启示：读万卷书，不如行万里路。这不仅是指班级出游或参访展馆，而是可以**在学校价值定位上增加一个新的维度——学校也可以是文化旅游机构。**很多传统教育内容都可以用文旅思维进行重构，重心不再是“知识能力”，而是“体验感受”，诸如VR、AR、AI等数字技术就能派上大用途了！

智慧教室，不再是面向少数学生的教学工具，而是面向所有学生的旅游目的地，是附近的远方。不断变换主题内容，穿越时空，行走万里、十万里乃至百万里路，开阔眼界，转化为人生的智慧。

数字设备是场景，要物尽其用，最好把设备视为有限期的消耗品，用坏并不是件坏事！教师也不再是设备维护者，而是导游，主动驾驭数字工具，充分激发学生的体验感受。无须常规考试，只需要通过智能数据采集，文旅式课程的效果就一目了然，标记出学生的关注点与兴趣点，打开更多的可能性。

基于“四业教育”模型，文旅体验式教育在不同方向上的价值差异很大。对于学业教育，不考试肯定不行，体验通常只是提升课堂趣味的工具。对于事业教育、趣业教育，呆板的考试并不符合其价值方向，丰富的体验感受就是教育的目标；再有相当一部分基业教育，比如历史文化、道德法律等，将体验与应试相结合，效果才能倍增，实现更深刻意义上的“立德树人”！目前已经有教育科技企业将元宇宙VR技术与红色教育相结合，探索这种体验式的教育发展之路。

路漫漫其修远兮，只是读书远远不够，还需踏上真实的旅途，让智慧课堂支持学生穿越时空，上下、左右、前后、古今同求索！

问学实践

1. 你所在的学校有没有数字智慧教室，请尝试调研其建设成本和使用情况，设计一套评估其教育价值的指标，如果希望其价值在当前基础上提升 10 倍，你有什么实践方案吗?
2. 有人认为教室里的数字设备太多，会干扰教师教学和学生学习，对此你怎么看? 能否针对不同的数字系统，分析其现实影响和未来趋势呢?
3. 请提出更多有思考价值的问题。

第 20 问　自学，会成为教育的主流吗？

有人认为，在 AI 的辅助下，教师教学将逐渐弱化，自学将成为教育的主流，每个人都能轻松获得学习资源和测评支持，开启自主式学习。此类观点在互联网刚刚出现的时候就已经被热议过，但变化并没有想象中那么剧烈，这是为什么呢？

与传统教师教学相比，自学模式有何优势与劣势？理论上能成为教育的主流吗？我们都知道自学的重要性，那应如何提升学生的自学能力呢？家长和老师们思考这些问题，不仅能用来帮助孩子，还能助力自己的终身成长。

传统师生教学 vs AI 辅助自学	VS	因为自学，才有 AI
如何评估 AI 自学的效果？		三重考验：跨过自学的门槛
如何提升青少年的自学能力？		三重认知：培养求知的元力

AI 的回答

传统师生教学 vs AI 辅助自学

AI 辅助学生进行自主学习，确实为教育带来了许多变革和便利。在一定程度上可以成为教育的补充形式，但不能完全替代传统教学模式。最佳的教育方式，可能是将 AI 辅助自主学习与传统教学模式相结合，从而充分发挥各自的优势。

有了 AI 辅助，自主学习确实变得更加容易和高效，但并不一定适合所有年龄段的学生和所有领域。AI 辅助下的自主学习可能更适合具备一定自律能力和学习基础的青少年和成人。对于年幼的儿童，他们可能需要更多的指导和监督来保证学习效果。尽管 AI 可以辅助多个领域的学习，但对于需要实践操作或者实验环节的领域，例如医学、舞蹈、音乐、体育、实验科学等，传统教学模式可能更加适合。

随着 AI 技术的不断发展，自学课程将更加普及，也可能成为未来教育的主流模式之一。自主学习的优势主要体现在灵活性、个性化以及学习效率方面，学生可以根据自己的兴趣和需求选择学习内容，安排合适的学习时间。AI 可以为学生提供个性化的学习资源和建议，满足不同学生的需求，帮助学生更快地获取所需信息，提高学习效率。

自主学习要求学生具备较高的自律性，否则可能导致学习效果不佳。相比传统教学模式，自主学习过程中的社交互动可能较少，缺乏面对面的指导和反馈，可能影响学生的团队合作和沟通能力的培养。

如何评估 AI 自学的效果？

1. 自适应学习系统。自适应学习系统可以根据个体的学习需求和能力自动调整教学内容和难度，这样可以确保学习过程更加高效，同时提高学习效果的评估准确性。
2. 智能评估工具。人工智能可以开发出各种智能评估工具，用于实时监测学生的学习进度、掌握程度以及问题解决能力。这些工具可以在很大程度上提高评估的准确性和效率。
3. 个性化反馈。基于人工智能技术，可以为每个学生提供个性化的反馈，帮助他们了解自己的优点和不足，从而有针对性地进行改进。这将有助于提高学习效果的评估准确性。
4. 数据驱动的优化。人工智能可以收集并分析大量的学习数据，以发现潜在的学习规律和趋势。通过这些数据分析，可以对学习过程进行持续优化，从而提高学习效果的评估准确性。
5. 模拟实验与仿真。人工智能可以帮助学生进行虚拟仿真实验，以便他们在实际操作之前先了解相关操作和场景。这种方法有助于降低风险，提高实验成功率，并间接提高学习效果的评估准确性。

如何提升青少年的自学能力？

1. 培养学生自主学习的兴趣和能力，鼓励学生主动探究知识。
2. 提供良好的学习环境、资源和支持，包括图书馆、网络资源、导师指导等。
3. 培养学生的自我约束和组织能力，通过培养学生的自我管理能力来提高自学效率和成果。
4. 鼓励学生与他人互动和合作，建立或加入学习网络和社区，寻求支持和建议，并在学习过程中养成团队合作和分享经验的习惯。
5. 设定清晰、可达的目标，帮助自己集中注意力和意志努力。
6. 掌握有效的学习方法和技巧，如阅读和笔记技巧，有助于提高自学效果和效率。
7. 学会反思和评估自己的学习，了解自己的优势和弱点，并采取措施改进和优化。
8. 提升信息搜索和筛选能力，能够有效利用各种资源进行学习。
9. 培养批判性思维和问题解决能力，能够自主探究问题，思考问题的本质和解决方案。

真人的思考

因为自学，才有 AI

回顾人工智能发展历史，从专家系统到机器学习，再到神经网络深度学习，如果把 AI 当作一个学生，它的成长就是从师生教学逐步发展到依靠自主学习，甚至可以说，没有机器的自主学习，就不会诞生 AI，更不会出现超级 AI。

目前，最流行的三种神经网络算法，**监督学习、无监督学习和强化学习，都不是完全按照人类指令亦步亦趋完成任务的程序，其中都蕴含着鲜明的“自学”成分。**比如监督学习模式，需要提供一些由人类标记过的数据，让 AI 总结其中的规律，就像老师提供有正确答案的习题集那样，让学生自己对答案；而无监督学习则不提供数据标记，意在让 AI 自己发现数据中的规律，有点像大学里的研究者，读万卷书，自然会有新的洞察；强化学习则相当于不断考试给出分数，AI 根据反馈，发现知识并积累经验。

2016 年，谷歌开发的 AlphaGo 像个听话的孩子，学完了人类几乎所有高质量的棋谱，先是 4∶1 战胜李世石，后是 3∶0 战胜柯洁，成为超越人类的围棋大师。2018 年，继任者 AlphaZero 就是个强悍的自学高手，只是知道了围棋的输赢规则，不依赖任何棋谱，自己跟自己玩，学成之后就把前辈 AlphaGo 打得无地自容。

青出于蓝而胜于蓝，AI 的智慧涌现给我们带来了无限启发，已经有学者提出，要让学生在 AI 的帮助下进行“自适应学习”，并非完整意义上的自学，而是模仿 AI。围棋界已经卷起来了，催生出“AI 吻合度”这个新指标，通常谁的数值高谁就能赢。韩国棋手申真谞的 AI 吻合度常常能超过 60%，被棋迷们誉为“申工智能”！围棋项目，似乎已经不是人类的比赛，而是不同 AI 之间的竞争，棋手们只是代理人而已。

那么问题来了，跟在 AI 后面的“自适应学习”，是真的自学吗？是我们追求的自学吗？

三重考验：跨过自学的门槛

自学，是求知元力的展现，是人类的本能。到底怎样才算自学呢？远程教师辅助算自学吗？虚拟人辅助呢？AI 辅助呢？很多教育者都说“学习的本质最终都是自学”，不管是谁领进门，修行都得看个人。换个定义就没矛盾了，各取所需就好！

跳出概念的谜团，**重点思考真正有价值的问题——“如何用好 AI 辅助学习”，这显然不等于“如何只用 AI 辅助学习”**，两者大相径庭，咱们不能狗熊掰玉米，掰一个，扔一个！

1999 年，印度物理学家苏伽特·米特拉[①] 开启了长达 20 年的“墙洞实验”，探索方向就是“最低限度侵入式教育”。简单来说，就是给孩子提供一台可以上网的电脑，剩下完全依赖孩子们的自学。实验不能说非常成功，但引发了很多教育者的思考。当时的上网方式还比较呆板，如果换成了诸如 ChatGPT 这样的超级 AI，效果会怎样呢？或许会好一些吧。

过去两百多年，世界很多政府都积极推行全民义务教育制度，让“学校—教师—教学”模式快速成为绝对的主流，让我们每个人都学得更多、更快、更深。如今随便找位优秀的大学生，往回穿越百年，都是世界顶级大咖。这说明什么呢？**综合而言，还是**

---

① 苏伽特·米特拉（Sugata Mitra，1952—），印度物理学家，英国纽卡斯尔大学教授，著名的“墙洞实验”项目发起人，“云端学校”概念提出者。

学生的自学效能比较低，而教师的教学效果更靠谱！当然，我们都喜欢“自学成才”的逆袭故事，里面闪耀着人类本能的光辉。

我们必须清楚意识到，AI辅助只是降低了自学过程中的难度，而自学最难的地方不是过程，而是如何推开自学的大门，这需要经历三次严峻的考验：**首先是方向难题——“学什么，真的想学吗”，其次是动机难题——“为何学，真正的原因是什么”，最后是实践难题——“怎么学，打算付出多少代价”。**

前一个问题会让很多人哑口无言，第二个会让很多人抓耳挠腮，第三个则会让很多人无地自容。先用烈火炙烤，能留下多少真金不怕火炼的“期望”呢？再将冷水泼向烈火，又能留下多少扑不灭的“志愿”呢？最后再想想高昂的学费，很多人的内心便空空如也，那就选择“躺平”吧。就算咬咬牙开始报名自学，大部分MOOC项目的完课率都低于10%，这就是赤裸裸的现实。

没有明确的成长期望和强烈的动力，只是抽象地比较学习路径，意义相当微弱。我们常说“天助自助者”，AI似乎也更能帮助那些求知旺盛、期望强烈的人。这似乎会造成更大的分裂，对于大部分普通人，该怎么办呢？

三重认知：培养求知的元力

对于普通人，超级AI其实能够助力很多，助力的方式并不是直接回答“学什么、为何学、怎么学”这三个难题，替我们推开自学之门，而是帮助我们释放一点求知欲望，稍微厘清成长期望，设计简单的学习路径，颇有一点“授人以渔”的感觉。

但有一个重要的前提，就是“求知元力”还能正常发挥。现实中，很多家庭教育或学校教育确实可以提升一些分数，但是以磨灭求知精神为代价，饮鸩止渴，得不偿失！“好奇心”说起来很重要，但若缺乏必要的抓手，最后蜕变成能量很低的“八卦心”，只是在社交网络中不断刷刷刷，也确实让人唏嘘。

有效行动并不难，切换到“三重认知”模型，重新审视家庭、学校和社会教育，就会发现很多漏洞，甚至是完全错误的操作（图 5–2）。所谓的“三重认知”，就是以“认知复杂的自己”为基础，不断拓展“认知复杂的自然世界”和“认知复杂的人类社会”，这看起来很简单，但因为强调了“复杂”而变得不简单。其中认知世界，还可以细分为自然世界与人造物世界。

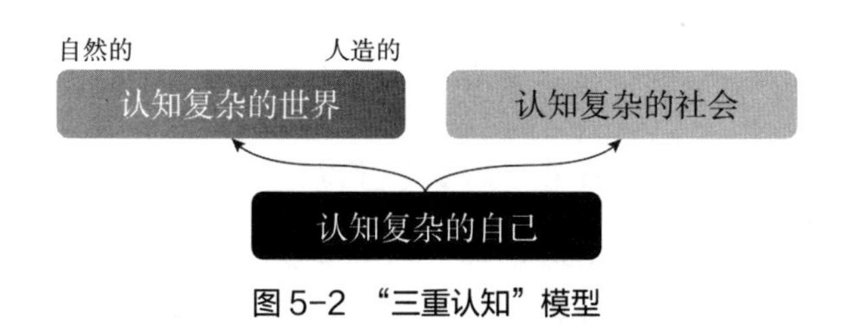

图 5–2 “三重认知”模型

以中学化学为例，这门学科大致属于认知自然世界的范畴。用火柴点燃一个酒精灯，化学反应就发生了。有越来越多的学校，连如此简单的操作都转为虚拟实验，在电子屏幕上学习使用酒精灯，美其名曰“教育数字化升级”或者“减少实验的风险”。

结果呢？基于这种教育方式认知的自然世界，都是简单、封闭、抽象的知识标签，没有意外、不会出错、毫无生机，更没有未解之谜！没有了未解之谜的滋养，求知精神就难以维持，甚至会逐渐枯萎……

让青少年对自我、自然世界和人类社会保持真实的认知，强调“复杂”并不是刻意为难，而是让他们知道，常规教学只能覆盖其中很小一部分，剩下的空间都留给未来的自己，探索玩耍的过程才是真正的“自学”。

面对那三个难题，首先建立复杂的认知，继而开始自学探索，从复杂中发掘出一个简单回答，人生得意，莫过于此。超级 AI，可以帮助更多人获得这样的人生体验！

问学实践

1. 学生回家主动完成作业属于自学吗？为什么？通过“学什么，为什么学，怎么学”这三重问题，帮助孩子更深地理解自学。你最近是否开启了自己的自学过程？可以把感受分享给自己的孩子或学生。
2. 尝试使用“三重认知”重新评估孩子正在学习的各类课程，其中是否展现出了复杂度？作为家长和老师，如何维系自己的求知元力？
3. 请提出更多有思考价值的问题。

第21问　AI时代的“鸡娃”新策略？

望子成龙，或许是被媒体批判最多的传统教育理念。如今，这种理念的表述变成了“鸡娃”，虽然更加通俗接地气，但期望值一点也没有下降。国内的荣誉已经无法满足需求，很多家长都尝试在全球范围内选择教育目标。在“鸡娃”的世界里，鄙视链已经里三层、外三层了。

期望孩子有更好的未来，有错吗？为孩子争取更优质的教育资源，有错吗？激励孩子树立远大目标，有错吗？那些反对“鸡娃”的人，只是羡慕嫉妒恨？其中的谜题，不仅涉及教育路径的选择，更与深层理念紧密相关，家长和老师们，难道没有兴趣挖一挖吗？

AI如何理解“鸡娃”？	VS	高期望家长的自知之明
AI对传统“鸡娃”策略的影响		AI时代，“鸡娃”的三条底线
未来高目标家长的关注重心		家庭教育是个系统性工程

AI 的回答

AI 如何理解“鸡娃”？

“鸡娃”是一个源自中国的网络用语，大约在2018年[①]开始在中国的社交媒体上广泛流传。它是用来形容一种教育方式，即父母过分强调孩子的学习表现和成绩，以致给孩子造成巨大的压力，如同给鸡喂食一样不断“催促”孩子成长、学习。

“鸡娃”这个词的出现，反映了人们对教育方式和价值观的反思。过度竞争的教育环境可能对孩子的身心健康产生负面影响，包括焦虑、压力过大、缺乏自我价值感等。许多教育专家和心理学家都呼吁家长和教育者们更加关注孩子的全面发展，包括他们的情感、社交能力、创新思维和自我实现等。

AI 对传统“鸡娃”策略的影响

“鸡娃”的家长通常可能有以下一些做法，AI 的发展可能会改变这些做法的效果，使我们重新思考教育的目标和方法。

1. 过度强调学习成绩。他们可能会把孩子的学习成绩看作成功的唯一标准，因此会给孩子安排大量的课外辅导和作业。AI 能够提供个性化的学习辅导，这可能会改善孩子的学习效果。然而，随着 AI 在各个领域的应用，单纯的学习成绩可能不再被视为唯一的成功标准。未来，可能会

① 基于百度调研，“鸡娃”概念最早出现于2017年左右，曾被某媒体评选为2021年十大流行语。

更加重视创新思维、批判性思考、人际技能等方面。

2. 过度安排活动。为了提高孩子的竞争力，他们可能会让孩子参加各种各样的课外活动，如音乐、艺术、体育等。AI 可以帮助孩子更有效地学习和练习各种技能。然而，AI 无法取代人类在真实环境中的实践和体验，因此真实的课外活动仍然有其独特的价值。

3. 高期待值。他们可能会对孩子有过高的期待，希望他们在各个领域都能表现优秀。在 AI 的帮助下，孩子可能更容易达到一些学习目标。然而，过高的期待值可能会给孩子带来压力和焦虑。在 AI 时代，我们可能需要重新思考成功的定义，以及我们对孩子的期待。

未来高目标家长的关注重心

在 AI 时代，父母或许会继续寻求让孩子在社会中出人头地的方法，但可能需要调整他们的教育方式和目标。因为 AI 已经开始在许多领域中扮演重要的角色，例如编程、写作、翻译、绘画等，这意味着孩子仅仅掌握这些技能可能不再足够有竞争力。以下是一些可能的新的“鸡娃”范式和方法。

1. 重视创新思维和批判性思考。AI 尽管能完成许多任务，但在创新和批判性思考方面仍有所欠缺。因此，父母可能会更重视培养孩子的这些能力，以便他们能够创新并解决复杂问题。

2. 强调人际技能和领导力。AI 也难以模仿人类的情感智能和领导力，这些能力在社会交往和团队合作中非常重要。父母可能会鼓励孩子参加社团活动、志愿服务等，以培养他们的这些技能。

3. **关注跨学科学习**。随着AI的发展，跨学科能力变得越来越重要。父母可能会鼓励孩子探索各种不同的领域，而不仅仅是传统的学术科目。
4. **学习如何与AI合作**。未来，我们可能会与AI共同工作，因此学习如何有效地与AI合作将成为一项重要的技能。
5. **培养生命力和适应性**。在快速变化的世界中，适应性和持续学习的能力变得非常重要。父母可能会更加重视培养孩子的这些能力，以便他们能够适应未来的不确定性。

以上所述的方法更可能取得效果，因为它们更加强调孩子的全面和个性化发展，而不仅仅是学习成绩。同时，这些方法也更有利于孩子适应AI时代的需求和挑战。

真人的思考

高期望家长的自知之明

“家长期望孩子获得成就并拥有幸福人生”，很正常，没毛病。而且这并不是什么“高期望”。妙趣之处在于这句话里有很多关键词，关注的焦点不同，相应的结果就有天壤之别。

有人关注成就，有人重视幸福，而我选择的首要关键词是“期望”，这代表着家长的行动。**所谓“高期望”的“鸡娃”家长，**

通常是对自己有更高的预期，行动会从“期望”变成“帮助、设计、管理、控制、替代”等更有影响力的模式。但是，就算贵为帝王，也做不到“管理孩子获得成就并拥有幸福人生”啊！

当然，如果只是期望，而没有任何行动，显然也不靠谱。合格的家长，首先要有自知之明，知道自己在哪些领域有优势，可以给孩子一些积极影响力，更清楚自己在哪些领域根本就没有发言权。**评价别人易，认知自己难，对“鸡娃”家长们的最大挑战就是自我认知。家长怎么“鸡”自己？成就感如何？幸福感如何？**

比较务实的策略，并非“鸡娃”两个字这么简单，而是一套组合方案，可以参考第 11 问中“家庭教育 3721 心法”那张图。客观评估夫妻双方的特点，评估孩子的发展阶段和状态，共同约定对孩子施加积极影响的方式。没有必要非常精确，可以激进也可以佛系，关键是要有共识和默契。静静欣赏孩子们的自由玩耍，更是“鸡娃”家长们的高级选项呢！

面对现实，家长只是孩子成长过程中的影响力量之一，与其做孩子的替身演员，不如认认真真过好自己的生活。无论如何，真诚的“期望”都是亲子关系不可动摇的基础，期望孩子获得成就并拥有幸福人生！

AI 时代，“鸡娃”的三条底线

投资圈有个说法“你看中别人的利息，别人看中你的本金”，其中蕴含的风险博弈，意味深长。**教育当然可以视为一种投资，**

如果利息代表孩子的成就，那本金是什么呢？本金可以是家庭的支出、家长的时间，还可以是亲子关系，甚至是孩子的健康与生命。

曾经有位父亲，通过晒“鸡娃”故事成为教育网红博主，而他的孩子却在考入世界名校之后选择自杀，震惊全网。很多“鸡娃”的家长，盯着高高在上的目标，殊不知危险就在身边，致命的深坑甚至就在孩子前进的路上。数字时代，除了有比较高的期望值，鸡娃家长们最好也同时建立“底线思维”。下面的三条底线，都和 AI 密切相关。

第一，不要把孩子培养成智能机器人。曾经常用的比喻是“吊线木偶”，如今可以升级为“智能机器人”了。孩子所有成就的背后都有外力支撑，每一步都赢得恰到好处，中小学表现完美，进入大学就陷入抑郁。超级 AI 必然会成为学业竞争的推手，并出现类似围棋“AI 吻合度”这样的人机内卷机制。卷还是不卷，这是每个“鸡娃”家长都需要深思的问题。

第二，不要把孩子培养成被圈养的人。所谓被圈养的人，就是依靠投喂生存，而不创造价值的人。很多专家都在预测，AI 时代将会出现越来越多“无用之人”。其中很多人的生存策略或许并不是享受岁月静好，而是拼命争夺资源，“只占有、不创造”，换种说法就是“绝对的、精致的利己主义者”，这是钱理群[1]教授对现代大学教育的深刻批判。“鸡娃”家长们，请做出审慎选择，是

---

① 钱理群（1939—），北京大学中文系资深教授，中国现代文学史专家，代表作《1948：天地玄黄》《周作人传》《中国现代文学三十年》等。

否要将孩子推进这个残酷的“吃鸡游戏”！不妨带孩子真正地参与一些公益活动，不写日记，不发朋友圈，试着听听自己内心的声音。

第三，不要把孩子培养成可能自杀的人。这绝不是危言耸听！有报道说，清华、北大等名校有心理问题的学生超过30%，且不论数据真假，实际情况确实很让人揪心。品学兼优的好学生，在遇到挫折时往往更加不知所措，甚至毫无先兆地转化为自残或自杀，数字世界与现实世界之间的落差，不仅是诱因，更是深层原因。著名作家纳西姆·塔勒布[①]在《反脆弱》一书中专门讲述了这种“看似强大，其实脆弱”的高风险状态。

部分“鸡娃”家长可能会问：“参加竞赛考试不也能锻炼心理素质吗？”这些竞赛实在太单纯了，锻炼出来的心理素质，放在真实社会中基本没用。只有推动孩子不断认知自我、认知社会，尤其是理解 AI 时代下越来越复杂的社会，才能培养出可持续的生命活力。这当然不是全部情形，如果能做到不带手机、不上网，“采菊东篱下，悠然见南山”，做真正的世外高人，那也非常令人敬佩！

生而为人，就要过好人生。努力搞点成就，同时也能接受平凡，超级 AI 再厉害，也无法让每个人都成为时代英雄。不走歪门邪道，不突破底线，不累死累活地把孩子和自己推向危险的边缘。在此之上，我们当然要给“鸡娃”家长们点赞，这难道不是亲子之爱的真实展现吗？

---

① 纳西姆·塔勒布（Nassim Taleb，1960—），美国著名经济学者、畅销书作家，代表作《黑天鹅》《随机漫步的傻瓜》《反脆弱》《非对称风险》等。

家庭教育是个系统性工程

家长理解“家庭教育”，不能把视野只放在家庭内部，更不能把目光只聚焦在孩子身上。家庭教育虽然是家长的直接责任，但这事儿太复杂，从备孕生娃到孩子成家立业，挑战无数，而且几乎不会重样，刚刚积累点经验，孩子就已经长大，要面对的事情又发生了变化。

完整的家庭教育，仅靠父母两人其实难以运作，过去主要通过老人亲戚、街坊四邻的相互协同，某些地方甚至有家族共育的传统，而如今则通过学校、妇幼医院、社区等群体共同分担。

2022 年，国家颁布了《家庭教育促进法》，提高了政府对家庭教育的重视程度，其中被点名要参与家庭教育服务的政府部门或相关单位就有三十多类，这还不包括更为丰富的企业和民间社团组织。

家长需要建立全局思维，才能更好地调动各方资源，实现自身家庭教育的健康发展，这是一个相当有难度的系统性工程。如果没有接受相关学习和训练，其实很难驾驭。更何况，家长通常都有自己的工作，家庭教育虽说只是工作之余的事务，但并不比工作轻松，甚至更容易让人焦虑。

赋能者很多，如何协调是难题。这不仅是政府治理的艺术，更需要完善的数字系统建设，减少内耗，增强家长们的获得感。超级 AI 显然非常擅长这种降本增效的工作，未来的家庭教育智慧系统里每个家庭都有自己的“家庭教育 AI 助手”，这个数字化界面不仅是信息系统，更是资源中心，最核心的作用是多方交流平台，以孩子成长为基本目标，实现政府、学校、教师、家长、孩子等不同角色间的协调。

整个系统工程的核心价值，不是提供办证、报考、转学这些服务，而是调解各方期望，清晰理解孩子的状态，从而帮助家长做出更为妥善的决策。曾经提到过的“成长导师”，将来或许会是这个系统的高频使用者，为每个家庭助力，更成为“家庭教育智慧系统”的灵魂。

过去有很多路怒症，遇到交通堵塞就会生气，现在有了智能导航，清楚路况并知道通过时间，问题就少多了。家庭教育 AI 助手，未来肯定会实现，帮助很多家庭提升教育质量，体现时代的进步。但这会让“鸡娃”家长们感到高兴吗？孩子只有在内卷竞争中取胜，家长才能获得荣耀感，是这样吗？

问学实践

1. 作为家长，你是否了解孩子的精神状态？是否思考过孩子在遇到挫折时选择自杀的可能性？是否敢于跟孩子交流自杀话题？如果交流过，感受如何？
2. 作为家长，如果孩子抱怨你管得太宽、太深、太多，你怎么看？是坚持自己的意见，还是放手让孩子自主决策？尝试倾听自己内心的声音。
3. 请提出更多有思考价值的问题。

第22问　学生还要写作业或刷题吗？

ChatGPT已经在很多学科考试中取得了优异成绩，有人据此提出“刷题训练的应试学习模式，将不再有任何意义”，你觉得对吗？但同时也有人提出“AI辅助刷题更加精准高效，能快速提升成绩”，你觉得对吗？这两种相互对立的观点，你更认同哪一方？二者的关系是什么？

关于AI辅助学生写作业、创作文章、撰写论文、做社会调研等情况，由此产生的问题是，真人创作的内容与AI生成的内容，是否地位相同呢？权益又该如何归属呢？我们就以AI帮助学生写作业和考试刷题为切入点，更深入地讨论AI如何影响教育的测评体系，这是牵一发而动全身的改变。

AI如何对待家庭作业？	VS	刷题背后的诱惑
		AI能破除应试教育的顽疾吗？
辩证地思考刷题应试策略		如何创造10倍效能的家庭作业？

AI 的回答

AI 如何对待家庭作业?

AI 在教育方面有许多潜力。它可以帮助孩子们解答复杂的问题，解释难以理解的概念，甚至提供个性化的学习路径。然而，这并不意味着孩子们应该完全依赖 AI 来完成他们的家庭作业。如果我是家长，我可能会允许我的孩子在某种程度上使用 AI 来辅助他们的学习。然而，这需要有一些规定。

1. **理解而非依赖。**孩子需要明白，AI 只是一个工具，而不是解决所有问题的答案。他们应该依赖自己的知识和理解，而不是让 AI 做所有的工作。
2. **遵守道德规范。**AI 工具不应用于作弊，这可能包括用 AI 写论文、做测试等。如果学校或教师不允许使用 AI，那么孩子应该尊重这个规定。
3. **批判性思考。**孩子应该学会对 AI 给出的答案进行批判性思考。AI 并不总是正确的，所以学习如何评估和验证信息也很重要。
4. **良好的使用习惯。**即使 AI 可以提供答案，孩子也应该养成自己寻找和理解答案的习惯。例如，如果他们在数学问题上遇到困难，他们应该试图自己解决问题，而不是立即求助于 AI。

总的来说，我会支持孩子使用 AI 来辅助学习，但我会跟他们强调要有正确的态度和使用方式。

辩证地思考刷题应试策略

随着技术发展，超级 AI 在许多科学测试中的表现都非常出色，这使得传统的刷题训练模式可能变得不再具有显著的教育意义。然而，我们需要从多个角度来评价这一观点，并分析通过刷题强化训练的方式在竞争中获胜策略的优缺点。

优点：

1. 系统性和针对性。刷题训练有助于学生熟悉考试内容和要求，提高解题速度和准确率，通过有针对性的练习，学生可以更好地应对考试中的挑战。
2. 巩固知识。通过大量的题目训练，学生可以巩固所学知识，提高理解和应用能力。
3. 培养解题技巧。在刷题过程中，学生可以发现自己的优势和不足，从而学会运用不同的解题策略和技巧。

缺点：

1. 过度强调分数。这可能导致过分关注分数和排名，忽视对知识的理解和应用，从而导致学生在学术上的表现不如预期，甚至影响其未来发展。
2. 忽略创新能力。这可能使学生忽视批判性思考和创新能力的培养，这些能力在未来的职业生涯中可能更为关键。
3. 学习压力。这可能会加重学生的学习压力，导致其心理健康问题和对学习的消极态度。

人工智能的发展对这种应试策略会产生多方面的影响。

1. 个性化学习。AI 可以根据学生的需求和能力提供个性化的学习资源和辅导，从而提高学习效果，减轻刷题带来的压力。
2. 智能刷题。AI 可以帮助学生更高效地进行刷题训练，根据学生的弱点提供针对性的练习，提高学习效率。
3. 转变教育观念。教育领域可能会更加重视培养学生的创新能力、批判性思维和问题解决能力，而非仅仅关注分数和排名。

综上所述，尽管 AI 技术的发展可能使得传统的刷题训练方式在某些方面变得不再具有显著的教育意义，但我们不能完全否定刷题训练在提升学术水平和巩固知识方面的作用。

超级 AI 的快速发展可以提供许多教育工具和资源，根据学生的学习进度和理解程度，提供个性化的学习经验，这可能有助于减轻学生的学习负担。人工智能还可以帮助教师更好地管理和监督学生的学习进度和表现，更加精准地针对学生的需求进行指导和支持，进一步减轻学生的学习负担。但这并不是一个完全解决问题的方法，除了技术手段，教育体系的改革和完善、家庭和社会环境的支持等因素也需要考虑在内并加以改进。

家长、老师和学生需要认识到，教育不仅仅是为了应付考试，更重要的是培养学生的综合素质和应对未来挑战的能力。因此，在 AI 技术的影响下，我们应更加关注培养学生的创新能力、批判性思维和问题解决能力，从而使教育更具有价值和意义。

真人的思考

刷题背后的诱惑

如果说素质教育是成长之道，那应试刷题就是教育之魔，道高一尺，魔高一丈，二者已经缠斗了很多年，并没有决出胜负。很多人在理念上更认同素质教育，选择应试教育似乎是被迫无奈之后的妥协，现实果真如此吗？

大语言模型近乎破解了人类自然语言的秘密，虽然人类还不清楚这个秘密是什么，但知道 AI 的进化策略就是“刷题”！常言道：“熟读唐诗三百首，不会作诗也会吟。”据报道，GPT-3.5 刷了至少 45TB 的语料，大致相当于 2 亿本书！就说服不服吧！

我们深谙熟能生巧的规律，坚信把有效的、正确的事情重复做，就会呈现出巨大的价值和市场竞争力。那为何学生运用刷题方式学习，我们就不认同呢？这不是很奇怪吗？**应试教育的顽疾并不在于刷题行为，而是考试背后的目标实在太有诱惑力，优质低价的高等教育资源意味着巨大的未来收益，即使很多人知道这些方式会形成“内伤”，却依然甘愿赴汤蹈火！**马克思说过，如果利润率超过 100%，就会有商人铤而走险，背后机理其实相差无几。

但很多成绩不错的美国学生并不会为考名校疯狂刷题，不是因为学校不好，而是因为学费太贵，仅仅增加一个维度，就能让刷题策略的效用锐减。近些年，高等教育学历通胀非常严重，当未来收益开始下降，就有越来越多的人开始反思为此付出的成本乃至于受到的伤害，到底值不值？

道高一尺，魔高一丈，道并不比魔更高，只是比魔有更多的维度，这才是复杂竞争的深层秘密。回到教育主题，**超级 AI 之所以会减弱“刷题应试”的实效价值，并不是因为其自身强大，而是因为它增加了社会复杂度，让预期回报降低，让原本确定的策略优势不再明晰。**不久的未来，谁背后还没有个 AI 智能助理呢？一个不使用 AI，能把 100 道题做到 99 分的人，和一个熟练使用 AI，能把 100 万道题做到 99.9 分的人，谁更像未来社会的典型人才？答案不复杂，但对我们心智的挑战却很剧烈，你品，你细品……

在 AI 的推动下，未来几十年，教育肯定会出现生态级变革，学科不再单纯，考试成绩不再是统领一切的维度，算法也不再是简单加和。为应试而刷题依然是某些细分场景中的现象，可以作为巩固学习效果的方案之一，但对于关键教育资源或社会资源的竞争，刷题策略的效用会明显降低。

至于学生负担会不会减少，确实很难说，不会更大，但肯定会更复杂，总是几家欢喜几家愁。我在猜想，未来某个时候，“刷题”会不会像背诵圆周率、记忆力大赛那样，成为彰显人类智力本能的娱乐秀？曾经的职业高考复读生，或许还会成为节目明星呢！

AI 能破除应试教育的顽疾吗?

有个段子说“**AI 擅长计算，而人擅长算计**”，应试策略除了海量刷题、背诵模版、巧用公式、强练字体等“正规军”，还有诸如“三长一短选最短”等剑走偏锋的做法，好像学习就是为了掌握更多的套路。很多人一边大加批判，一边乐此不疲，劝退一些潜在竞争者，似乎就能占尽先机。当考试变成了一场猫鼠游戏，教育就走向了一个黑洞般的世界。

不能不承认，这种诡异的应试教育状态，**不是学生的主动选择，也不是家长们的殷切期望，而首先是教师群体共同塑造的结果，教师先卷，学生才跟着卷。**

扬汤止沸，不如釜底抽薪，AI 能破除这个应试教育的顽疾吗？短期内，极可能是更加糟糕的局面，由于使用 AI 辅助学习可以大幅提高成绩，教师势必也会成为推动者，让教育竞争加剧。商业机构已经积极跟进，推出用海量题目训练出来的 AI 应试助手，硬软件一体，价格还很亲民。

但远期看，**AI 必然会改变教育资源的分配机制，尤其是教师角色之间的关系。**除了虚拟教师的加入，还有前面曾经提到的“全民教师”设想，兼职教育者促进开放的师生关系，竞争创造出更多价值空间而不是零和博弈。考试依然存在，刷题应试仍是有效的学习策略，只是更加温和善意一些而已。要想提升整体的教育幸福感，减少内卷与内耗，只在刷题考试层面下功夫，基本属于“挠痒痒”，有效的解决之道在教育之外。

如果有家长或教师并不相信这样的乐观局面，当然可以继续卷下去，这是每个人的选择，智能时代可以充分兼容很多价值策略，有得有失，各得其所。

如何创造 10 倍效能的家庭作业?

2023 年初，美国纽约市教育局宣布公立学校禁用 ChatGPT，引起轩然大波。很多专家都用“堵不如疏”的道理来评价这件事情，不过是站着说话不腰疼，身在矛盾中的人们，早期都倾向于采取禁止策略，因为简单嘛!

此后不久，可汗学院、Duolingo 等知名在线教育机构就宣布与 OpenAI 开展合作，引入 AI 辅助学习与作业的功能，家长就算不认同，也已经无力封堵了。前面 AI 的回答也很明确，既然拦不住，就尽量用好吧。那家庭作业还有意义吗?

其实可以问得更深，家庭作业何以存在?如果有很多人希望它存在，那它就会继续存在，AI 没意见。有人说家庭作业是 100 年前一位意大利教师的发明，其实并不准确，孔子曾说“学而时习之”，课后练习或许从教育早期就已经出现，只是不像现在这么系统化规模化而已。

现代家庭作业成为学生的负担，是社会竞争的结果。教师竞争激烈，作业就会更多，变相占领学生更多时间是赢得竞争的基础之一，如果学生之间竞争激烈，他们会对自己更狠呢!用 AI 辅助完成作业，积极提升学习效能，降低被迫参与竞争的学生们的痛苦，两厢情愿，何乐而不为呢?

未来，家庭作业肯定还会长存，或许会在 AI 辅助下，呈现出一些有趣的特点：作业不分学科，根据近期所学融合生成；能兼顾师生家长的意愿，尤其重视孩子的兴趣，比如对于喜欢鸟类的学生，数学应用题的场景就会变成百鸟天堂；动态评估学生的学习效果，体现 AI 算法的基础价值；展现形式也会更加多样，比如即时生成的动画或游戏。

家庭作业不再只是课堂教育的延伸，也不是简单的复习测评，而是基于“熟悉 + 意外”的策略，让家庭作业成为重要的、独立的、自主的、创新的学习过程。至于学生是否选择让 AI 辅助自己完成作业，其实并不重要，寻求帮助的过程本身就已经实现了家庭作业的基础目标。

超级 AI 时代，减少家庭作业的痛苦，提升家庭教育的效能，综合价值或许还不止 10 倍！学而时习之，不亦说乎？亦不说乎？

问学实践

1. 作为家长，如果孩子每天都积极完成作业，你会表扬吗？如果孩子拖拖拉拉，你的态度如何？如果你发现孩子有抄作业的行为，你会如何应对？你会允许孩子不做家庭作业吗？
2. 作为老师，如果使用 AI 能够帮助孩子提升成绩，你会积极推动使用吗？如果其他学校的老师已经使用且效果明显，你会跟进吗？如果这种趋势会部分削弱教师对学生的掌控感，你将如何面对？
3. 请提出更多有思考价值的问题。

第 23 问　如何减少 AI 对青少年的不良影响？

家长和老师关注孩子们的成长，希望每个孩子都优秀，但最终还是能接受绝大部分人都是平凡人的事实。相比之下，大部分人都难以接受孩子受到安全、健康或隐私等方面的伤害，厌恶损失是人性的底色。

自从 AI 诞生的第一天起，安全风险就如影随形，这一点也是所有 AI 反对者们的核心立场。思考青少年面临的安全风险与隐私伤害问题，难免会戴上有色眼镜。取下眼镜，把安全风险看得明明白白，才能制定出更有效的行动策略，减少实际的损失。

安全风险的未来趋势	VS	AI、核能与第一流的智慧
AI 对青少年可能的风险与伤害		意识与行动：假亦真时真亦假
家长和教师应该怎么办？		一本正经，胡说八道

AI 的回答

安全风险的未来趋势

AI 的发展既提升了数字世界的安全性，同时也带来了一些风险。这取决于 AI 的具体应用以及我们如何管理和控制其使用。

在安全方面，AI 可以用于加强网络安全、识别和应对威胁、预防欺诈等领域。它能够自动监测和分析大量数据，及时发现异常行为，从而增强网络和信息系统的安全性。

然而，AI 的发展也引发了一些担忧和风险。例如，人工智能系统可能存在漏洞和弱点，会被恶意利用进行网络攻击或者侵犯个人隐私。此外，AI 在决策和预测方面的应用也可能带来偏见和歧视，因为算法的训练数据和模型构建往往会受到人类的偏好和偏见的影响。

因此，我们需要在 AI 的发展中保持警惕，并采取一系列措施来管理风险。这包括建立严格的隐私保护和数据安全措施，制定透明和可解释的 AI 算法，加强监管和法规框架，以确保 AI 的使用符合伦理和法律标准。

总的来说，AI 的发展提升了数字世界的安全性，但我们也需要警惕其潜在的风险，并采取适当的措施来平衡安全和隐私的需求。

AI 对青少年可能的风险与伤害

青少年深度使用 AI，可能会遇到以下安全与隐私风险，以及可能带来的伤害：

1. 个人信息泄露风险。青少年可能会将个人信息，如姓名、地址、出生日期、电话号码、社交媒体账号等，轻易地在互联网上共享或透露给陌生人，从而导致个人信息泄露和被滥用的风险。
2. 网络欺凌和虐待风险。青少年可能会在网络上遭受网络欺凌和虐待，包括恶意攻击、侮辱、威胁和曝光个人隐私等。
3. 虚假信息和诈骗风险。青少年可能会被虚假和诈骗信息所骗，包括通过社交媒体、电子邮件或在线聊天等方式接收虚假的招聘、投资或贷款信息，或者收到诈骗邮件或信息。
4. 成瘾与心理健康风险。AI 技术可能会导致学生上瘾，影响正常的学习和生活。青少年可能会过度沉迷于虚拟世界，影响他们的学习、社交和情感健康。

这些安全与隐私风险可能会给青少年带来心理伤害、学业不佳、财产损失、思维误导等多方面的影响，家长和教师应当注意起来并做出积极的应对。

家长和教师应该怎么办？

青少年在使用 AI 时可能面临安全隐患以及个人隐私风险。以下是一些减少这些风险的可能策略，以提高孩子的信息识别能力和安全意识。

1. **教育**。进行网络安全和隐私保护的教育是非常重要的。这包括教孩子们理解在线行为的后果，比如分享个人信息的风险，以及如何识别和避免网络欺诈、网络霸凌和其他形式的在线侵犯。
2. **使用安全的技术工具**。选择那些设计良好、重视用户隐私和安全的技术产品。家长和教师应该帮助孩子们了解和检查技术产品的隐私设置，并确保他们知道如何使用这些设置来保护自己。
3. **监管**。尽管我们要尊重孩子的自由和隐私，但在他们还没有充分理解网络风险的时候，适当的监管是必要的。家长和教师可以使用技术工具来监控和限制孩子的在线行为，比如设置屏幕时间限制、使用内容过滤器等。
4. **批判性思考的培养**。通过教学活动和课程设计，培养学生的批判性思考能力，使他们能够质疑、分析和评估他们接触到的信息。
5. **模仿和示范**。家长和教师应该通过自己的行为模仿和示范如何安全、负责任地使用技术。他们应该和孩子们一起讨论在线行为的规范言行，以及他们在使用技术时的经验和挑战。
6. **立法和政策**。政府和学校应该制定和实施保护孩子在线安全和隐私的法律和政策。这可能包括对技术公司如何收集和使用孩子的数据，以及学校如何使用 AI 和其他技术工具做出规定。

以上策略的实施，需要家长、教师、学校和社会的共同努力，以保护青少年在使用 AI 时的安全和隐私。

真人的思考

AI、核能与第一流的智慧

从第一部科幻小说《弗兰肯斯坦》[①]开始，每每涉及“机器人、外星人”这些非人类智慧生命的时候，人们往往先是短暂的好奇，然后陷入深深的恐惧。

2023 年 5 月，OpenAI 公司的 CEO 山姆 · 阿尔特曼前往美国国会接受质询，听证会从“有趣的好奇”开始，最终焦点就是“安全”问题，涉及虚假信息、数据安全、隐私、版权、失业等很多方面，更有议员试图定调子，声称“AI 发展将对世界造成重大伤害”。阿尔特曼显然是有备而来，不仅**提出“政府的监管干预对 AI 发展至关重要”，甚至直接提议要像对待“核能”一样对待“AI”，建议成立类似国际原子能机构一样的组织加强对全球大模型的安全审核**。如此观点显然不是危言耸听，超级 AI 在很多方面的确与“核能”很相似，善能点亮万家灯火，恶则制造人间地狱。

相比于“核能”层级的安全议题，青少年可能遇到的安全与隐私伤害，是不是就不值一提了呢？其实不然！核弹与核事故给人类带来的直接伤害其实非常有限。而网络安全问题则不同，它

① 《弗兰肯斯坦》(*Frankenstein*)，文学史上的第一部科幻小说，作者玛丽 · 雪莱(Mary Shelley，1797—1851)，英国小说家，被誉为“科幻小说之母”。

会直接作用到每个人身上，即便单次伤害损失不大，但聚集起来就是一个天文数字。《人民日报》曾报道，2021 年全球网络安全犯罪造成的整体损失超过 6 万亿美元。有了超级 AI，这个数字是上升还是下降呢？现实中，使用 AI 换脸伪装熟人进行诈骗的案件已经屡见不鲜，未来的局面肯定更加麻烦。

AI 浪潮之初，有人呼吁政府要放水养鱼，给创业者们进行大胆尝试的时间和空间，这样讲很有道理，应该支持。也有人呼吁政府要尽快出台监管措施，防止 AI 的发展走向反面，这样讲也有道理，同样应该支持。是的，都要支持！

我们常把阴阳太极图视为顶级智慧的象征，就是因为其中蕴含着相反相容的思维。20 世纪美国作家菲茨杰拉德[①]对此有更直白的表达："第一流智慧的体现，是同时持有两种截然相反的观点，还能正常行事。"

安全与风险，收益与损失，是矛盾且统一的存在，AI 对于人类，是极大的收益与极大的风险并存，政府以及我们每个人，都必须同时兼容两种思维，才能有效地驾驭或平衡事态的发展，才能有效地管理自己的安全风险。凯文·凯利在《5 000 天后的世界》一书中提出，科技带来的好处是 51%，而引发的问题占 49%，就是那 2% 的微妙差异，推动着人类文明的进步。

细心的读者可能已经发现，在 AI 针对各种问题给出的回答里，"批判性思维"出现的概率非常高，其中就蕴含着兼容相互矛

---

① 弗朗西斯·菲茨杰拉德（Francis Fitzgerald，1896—1940），20 世纪美国著名作家，代表作有《了不起的盖茨比》《人间天堂》。

盾的认知，家长和老师怎么能不重视呢？追求单向正确答案，是传统教育强大的惯性。对于认知复杂的世界与社会，推动教育理念的调整与变革，AI 提供了一次新的契机。

意识与行动：假亦真时真亦假

AI 给出的解读和建议，当然都很好，但对于绝大部分家长和老师来说，执行难度确实有点大。比如“网络安全和隐私保护的教育”，要想做好相当不易，但无论如何，这已经是家长和老师们还能做点事情的方向了，关键是要有清晰的意识和行动策略。

最简单的做法——禁止使用，这是防范风险、减少损失的有效方式。搭乘航班禁止携带的物品类型越来越多，就是一次次事故带来的教训。ChatGPT 推出不久，就有学校发布声明严禁师生使用，引发了很多议论。面对超级 AI，只有在关键考试和竞赛等重要场景中才适合采用禁止方案，其他情形搞禁止确实有些得不偿失，想禁却禁不住，带来的精神内耗更麻烦。

使用 AI 获得收益，损失也是必然的经历。要想建立这样的意识并不容易，我们讨厌风险和损失，提到这些似乎就会带来厄运，以致在青少年教育中习惯采用回避策略，能不说就不说，能少说就少说。这种情况也发生在性教育、生命安全教育、校园霸凌、心理健康等方面，明知生病是人生常态，却常常讳疾忌医。

基于这样的意识，就可以制定出有效的行动策略——主动制造损失体验。2021 年，清华大学向全员发送钓鱼邮件以提升安全意识一事，引发网络热议；2022 年，中科大也安排了类似的演练，不到 2 个小时，就有超过 8 000 名师生“中标”。

数字时代的安全素养，完全可以作为一项正式的学校教学课程，与专业第三方机构合作，除了知识讲解，更重要的是不定期不定向开展仿真测评，包括垃圾邮件、信息钓鱼、金融欺诈、赌博与高利贷、情感及色情欺骗等类型，设定明确的考核标准，不及格就是不及格，拿不到学分也很正常。

不经历风雨，怎能见彩虹，不经历真正的损失，就不会获得深切的经验。其实，我们日常接触的网络应用仅仅是数字世界的冰山一角，还有一部分，通常被称为深网或者暗网，那里隐藏着太多贪婪的眼睛和肮脏的手，比大部分人的想象还要恐怖！

一本正经，胡说八道

前面谈的意识与行动，防范对象主要是由真人发起的违法犯罪问题。虽然在 AI 的加持下，此类行为还会更猖狂，但同时，强大的 AI 也能制衡这些不良行为，该问题本身就是一场无限游戏。

即使没有人类的贪婪，**超级 AI 自身也会产生“风险”，最典型的就是虚假信息、错误数据、伪造事实、内容空洞等**。有人用“一本正经，胡说八道”来形容 AI 在对话过程中生成的内容，其实相当贴切。

事实上，生成式大语言模型与人脑思维的表现非常接近。我们人类的表达中，就经常充斥着各种信息错误、词不达意、语言啰唆、答非所问的现象，以及更严重的问题——撒谎，其中有些是记忆偏差，有些则是刻意伪造。

除了极少数敏感主题，AI 一般都会积极响应人类提出的问题，“胡说”也是“说”，经过海量数据训练，AI 确实能做到“胡说八道”。不要嘲笑 AI，其实大部分人通常也就只能达到“胡说一道”的水平，不相信你可以试试。面对很多问题，人们都会哑口无言，AI 的表现反而更加勇敢呢！

无论如何深度调优，生成式 AI 产生错误信息都难以避免，如何面对这种风险，更考验每个人的认知水平，也是每个人在超级 AI 时代的基本修行。这背后没有什么阴谋，潜在损失通常并不大，但因为要高频接触，所以也变得尤为重要。

没有统一且具体的标准，核心还是每个人“驾驭信息的能力”。不加验证而全盘接收，显然不靠谱；每次都进行二次印证，当然也不值得。相对折中的策略，可以归纳为四个字“**信用分离**”，首先选择大体相信，这是收获价值的最简单方法，但如果要引用采纳或者作为依据，则需要刻意怀疑，并根据需求做二次印证，这个策略对于自己不熟悉的领域尤其重要。总之，增加一个认知缓冲区，差不多就是所谓的批判性思维了。

其实，很多专业 AI 已经进入了我们生活的细微之处，比如内容推荐、客服、导航、翻译等方面，甚至达到了让我们“用而不知”的程度。未来超级 AI 会渗透进入更多领域，使用体验也会越来越丝滑，要想保持“信用分离”的思考过程其实相当困难。

说教没有用，实践出真知，在学生中开展“AI 生成，大家找茬”的游戏，不断练习对信息的判断力，或许就是最简单有效的教育方式了，家长和老师都可以轻松地进行实践。

超级 AI 背后的风险与核弹是同一个级别，千万不能忽视。只有经过长期刻意练习，关键时刻才能获得一秒钟的冷静。最后化用一下苏洵[①]的名言："为学之道，当先治心，泰山崩于前而色不变，麋鹿兴于左而目不瞬，然后可以制利害，可以用 AI！"

问学实践

1. 你如何理解"批判性思维"？是否有过专门学习？请尝试运用批判性思维评估下自己批判性思维的能力。回忆自己被虚假信息欺骗的经历，看看该如何运用批判性思维？
2. 查看手机并环顾生活场景，列举 10 个以上你主动或被动使用 AI 的项目，与孩子一起讨论：它们的可信程度如何？收益价值如何？蕴含风险有哪些？更有效的使用策略是什么？
3. 请提出更多有思考价值的问题。

---

① 苏洵（1009—1066），北宋文学家，与其子苏轼、苏辙合称"三苏"。其文章《心术》原文为"为将之道，当先治心，泰山崩于前而色不变，麋鹿兴于左而目不瞬，然后可以制利害，可以待敌。"

第六章

超级 AI 强影响，教育资源大变局？

AI 的核心三要素：数据、算力、算法。
数据是信息资源，
算力是能量资源，
算法的背后，是人才资源。
资源，是一种强有力的思维模式，
帮助我们认知复杂的社会，
更帮助我们理解教育的趋势。
教育生态中的资源类型非常丰富，
每个人通常只关注其中一部分，
AI 科技，不仅带来新的资源要素，
更改变了几乎所有传统资源要素的权重，
让部分传统教育经验失效。
我们每个人都需要重塑对教育资源的认知，
理解变局，把握趋势，创造机遇。

第24问　教育更公平，还是更加两极化？

我们很难说清楚“公平”到底是什么，以及到底意味着什么。尤其在教育场景中，这是一个可以让人心平气和，也可以让人剑拔弩张的议题。升学择校的时候，考试选拔与电脑派位，哪种更加公平？高考按省分配指标公平吗？

而“两极化”更是让人既爱又恨的议题，暗含着冲突与矛盾，虽然已经知道内卷严重，却都不愿意松手，担心从一个极端落向另一个极端。很多人都认为AI会让教育更加公平，但我们也深知，事情没有表面上这么简单。

不同维度的教育公平	VS	固化思维与自相矛盾
教育两极化的根源		选择基点，激活资源
AI如何影响教育的天平？		AI时代的教育资源趋势

AI 的回答

不同维度的教育公平

机会公平。每个人，无论其社会地位、性别、种族、财富或其他个人背景因素，都有接受高质量教育的平等机会。这包括平等的入学机会、公平的学习资源、合理的考核制度等。

结果公平。教育过程的结果，如学习成果、毕业证书、就业机会等，应公平对待每一位学生。无论学生的个人条件如何，只要他们付出相同的努力和时间，都应有相同的成功机会。

过程公平。教育过程中的所有环节，包括教学方式、评价制度、师生互动等，都应公平、公正、公开，不偏向或歧视任何个体。

需求公平。教育资源的分配应当考虑到每个学生的特殊需求。有些学生可能因为身体条件、学习障碍等因素，需要更多的支持和资源。公平的教育应能满足他们的特殊需求，以确保他们也有接受和完成高质量教育的机会。

教育两极化的根源

“教育两极化”通常用来描述教育资源、机会或质量在不同社会群体间的不均等分布，以下是一些可能导致教育两极化或者教育不公平的因素，同时也可以认为是阻碍教育公平的因素。

经济差距。家庭的经济状况影响孩子可以接触到的教育资源。贫穷家庭的孩子可能无法聘请私人教师或参加有偿的课外活动，而富裕家庭的孩子则有更多机会接受优质的教育。

地理位置。城市和乡村地区的教育资源分布通常不均。城市地区可能有更多的优质学校和教师资源，而乡村地区可能由于人口稀疏、交通不便等原因，教育资源较为匮乏。

社会身份。不同的社会身份（如性别、种族、宗教、身体状况等）也可能影响一个人接受教育的机会。比如，在一些地方，女性可能无法获得和男性同等的教育机会。

学校资源分配。不同的学校可能有不同的资源，如优秀的教师、充足的教材和设备、良好的学习环境等。在这种情况下，有更多资源的学校可能会为其学生提供更好的教育，而资源贫瘠的学校则可能无法为其学生提供同样的机会。

父母的教育水平。父母的教育水平也可能影响孩子的教育机会。父母受教育水平高的家庭，更可能理解并重视教育，这可能有助于孩子获得更多的学习机会和更好的教育资源。

教育政策。教育政策对教育公平也有影响。例如，某些政策可能优先满足特定社区或群体的教育需求，而忽视其他群体的需求。

教育评估制度。教育评估制度也可能导致教育的不公平。如果评估制度偏向于特定类型的知识或技能，那么在这些领域有优势的学生就可能获得更好的成绩，而其他学生可能就会被边缘化。

AI 如何影响教育的天平？

人工智能发展对于教育公平的影响是复杂的。在某些方面，

AI 有可能改善教育公平，而在其他方面，它可能会加剧教育的两极化。如何合理利用 AI，使其真正有利于教育公平，是我们面临的重要挑战。

一方面，AI 可能增进教育公平的趋势。

个性化教学：AI 可以提供个性化的学习体验，这对于满足不同学生的学习需求和进度是至关重要的。例如，一些 AI 系统能够根据学生的学习习惯、能力和进度，制订个性化的学习路径和教学材料。这有助于消除学生之间的学习成绩差异，从而提高教育公平性。

扩大教育机会：AI 能够使教育资源以更高效和更低成本的方式传播，这有助于扩大教育机会，尤其是对那些在传统教育系统中被边缘化的人群，如农村地区的学生或成人学习者。例如，通过在线学习平台和 AI 教育应用，这些人群可以接触到他们之前可能无法接触到的教育资源。

另一方面，AI 也可能加剧教育的两极化趋势。

数字鸿沟：AI 和相关技术的获取和应用往往需要一定的资本和技术基础。这可能导致教育资源的不平等分配，特别是在经济发展水平不均、技术基础薄弱的地区。因此，如果不能公平地提供 AI 技术和设备，教育的数字鸿沟可能会加大。

数据和隐私问题：AI 系统通常需要大量的学生数据来进行个性化教学。然而，如果数据管理不当，可能会引发隐私泄露和数据滥用的问题。这可能使一些社区和家庭对使用 AI 的教育工具持谨慎态度，从而影响到他们接受教育的机会。

因此，AI 对教育公平的影响取决于多种因素，包括但不限于政策设计、技术基础设施的投入、教育者和学生的技术素养、数据管理和隐私保护等。要确保 AI 真正有利于教育公平，需要所有相关方面的共同努力。

真人的思考

固化思维与自相矛盾

这是个重要的教育命题，媒体上经常有学者展开探讨，在“公平”与“两极化”（或者“不平等”）之间选一个倾向性，然后发表观点，无论怎么选，都既彰显了选项间的“公平”，又体现出了观点的“两极化”。我们甚至还可以定义，无处不在的“两极化”就是“公平”的稳定存在，或许就像两个孩子玩跷跷板，只有分别坐在两个极端，才能实现基本公平，游戏才好玩。

继续在这个框架中思考，感觉每句话都深藏哲理，赞叹自己的洞察力；如果跳出来再看，似乎每句话都狗屁不是，而自己就像莫比乌斯环上的蚂蚁，每一步努力最终都毫无意义。长时间使用 AI，我似乎越来越擅长摆弄文字，尤其是这种概念层面的所谓思辨游戏！其实呢，没啥意思。

此前笔者曾提出“超级 AI 破解了语言的秘密，让我们隐约看到了教育理论发展的天花板”的观点。**如果继续讨论“教育的公平与两极化”，那结论就不是看到了天花板，而是已经被天花板撞**

得头破血流了。巴西著名的教育家保罗·弗莱雷[①]创作了享誉世界的《被压迫的教育学》，书中深刻思考了真正的压迫，到底是来自社会顶层的那些人，还是来自这个无形的天花板呢？

超级 AI 的加入，为这个教育学难题赋能，既不提升公平，也不加强两极化，而是让整个议题都以更加剧烈的方式震动，几乎没有人能站得稳。

选择基点，激活资源

无论地球大气如何风起云涌，至少存在一个点是安静的，数学可以给出严谨证明。其实摸摸头发也能感受到，无论头发朝向哪边，总能找到一个旋，中间存在一个静止点，这在拓扑代数中也被形象地称为“毛球定律”。于是乎，我们相信，**无论“公平和两极化”的讨论多么激烈，总能找到一个安静点，适合作为我们锚定的基点，依此去理解并调动资源，才会更加顺畅。**

AI 帮我们列举了很多造成“教育两极化”的维度，其实还有更多，比如相貌、智商、肤色等生理因素，国家、民族、家族地位等族群因素，以及战争、灾害等时代因素。真怨不得家长对择校那么重视，我们常说“名师出高徒”，谁不想在这个极具影响力的资源上多做些努力呢？

所有这些要素，只要选定衡量标准与表达模式，就会呈现出不同的分布规律，类型非常丰富（图 6–1）。**无论社会如何发展，**

---

① 保罗·弗莱雷（Paulo Freire，1921—1997），巴西著名教育家、哲学家，代表作有《被压迫者教育学》《教育：自由的实践》。

教育如何改革，这些分布模型的稳定性极高，有些甚至可以进行严谨的证明。把这些分布规律作为稳定的“基点”，是探索未来的起点，是构建想象的基石，也是“吹牛”需要尊重的底线。

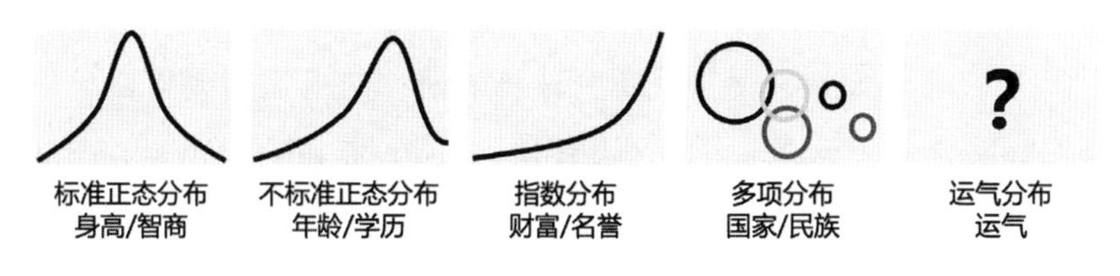

图 6-1　几种分布模型

强调“让每个人都享受优质教育”，这是不尊重正态分布规律；目标“让每个人都财富自由”，这是不尊重指数分布规律；高喊“不让一个孩子掉队”，这是空洞的愿望思维，与现实无关。教育公平，无论追求机会、结果、过程还是需求公平，都会顾此失彼，甚至互为矛盾。至于两级化，是指数分布的固有特征，梯度产生势能，激发每个人的活力，这是生命意义上的公平，更是教育者的使命。

找到基点后，怎么激活资源呢？其实不用怎么费力，建立深层信念，尊重客观规律，就会发现非常丰富的资源，在期望与现实之间建立适当的机制，资源就会拥有生命活力，自然就会生长起来。超级 AI 的出现，是新的规律、新的机制，还是新的肥料呢？

AI 时代的教育资源趋势

追求公平与追求极致，融合统一与两极分化，完全可以同时发生，不同维度之间相互牵绊制衡，维持人类文明的整体演化。我们如此费力地讨论“教育公平还是两极化”，其实是有难言之隐。教育的两极化趋势，很可能会带动社会的两极化，继而在政治、财富、智识、权力等方面形成社会撕裂，带来灾难性的动荡。

从云端看大海，便感受不到波涛汹涌；从遥远的太空回望地球，我们的整个世界就是一个暗淡的蓝点[①]。**超级AI是人类共同的创造，提升视野高度，超越价值藩篱，或许更能看清楚资源流动的趋势，更能看懂教育的真相。**虽然我们知道未来有非常多不确定，但仍然可以大胆预测发展趋势，在此借用“四业教育”模型，描述其中一些侧面。

基业教育关乎家国与族群的存续，首先需要追求一致性，同时也需要维系生态的多样性，底层三观存在隐形且动态的边界。AI 时代，仅仅通过政治、道德或法律课程，或者仅仅借助记忆知识的方式，已经不足以塑造完整的基础价值认知。基业教育，需要融合更加丰富的内容，不仅要有国家历史、社会道德与法律等，还要有校史校规、社区关系、城市生活、地域文化、科技伦理、全球文明、地球生态、宇宙时空，所有这些都会成为基业教育的有机组成部分。基业教育要想获得良好的效果，还需要调动更多数字化手段，尤其是虚拟现实技术与游戏化教育方式。

学业教育关乎人的终身成长，由于所有人类的生理基础高度相似，因此追求公平高效就是明智之举。以全球互联的学术共同

① 特指1990年2月由旅行者1号在距离地球64亿公里处拍摄的照片，地球在照片中就只是一个极不起眼的小点。

体作为坚实支撑，教育的方法与内容也高度兼容。高校数学系以低分照顾部分偏远地区的学生，就并非明智之举。通过 AI 赋能，尽早甄别学生的数学天赋，无论在一线城市还是偏远乡村，都能适配恰当的教育，这才是数字时代学业教育应该优化的空间。

事业教育并非空中楼阁，而与社会的多样性密不可分，各行各业有不同的评判标准，完全没有必要追求公平，充分运用 AI 科技才能实现基本的效能。学术科研本就属于事业范畴，和其他职业没有区别，只有建立更加多元的事业认知，才能打破人们对高学历的变态迷恋和无谓内卷。中小学也需要建立丰富的事业教育内容，甚至已经到了刻不容缓的地步，能否激活充足的社会教育资源，以健康有序的方式赋能学校教育生态，是教育数字化转型的关键环节。让所有学生都学一样的内容显然没有意义，让学生理解丰富的社会，展开对未来事业的想象与初步实践，感受自己的创造力与无限可能，才是事业教育的价值锚点。

趣业教育比事业教育更丰富多彩，追求多极化才是尊重规律，若刻意强调公平和标准化，让师生都在纠结中忍受无趣，何苦来哉！允许多样选择，鼓励追求卓越，建设兴趣社群，更高、更快、更强，更有趣也更有意义！趣业教育是现代教育生态最为扭曲的部分，比如让所有学生进行一样的体音美标准化测评，表面追求素质教育，实则让学生失去对自己天赋素养的追求。AI 技术给绘画、音乐、影视、游戏等领域带来极大的冲击，以事业为导向的教育大幅缩减，回归趣业教育的定位，让生活更愉悦，让人生更饱满！

在基业、学业教育方向强调“公平”的土壤，而在事业、趣业教育方向创造“极致”的可能，虽然如此描述非常粗略失真，总比机械地辩论“教育公平与两极化”更有现实意义。

将海量的“两极分化”融合起来，或许就是人生意义的“公平和谐”。有人可能会说，这不就是“有教无类、因材施教”吗？是又如何，不是又如何？站在数字智能时代，我们并不是简单地尊崇古训，而是与古圣先贤们心灵相通。

问学实践

1. 作为家长或教师，你认为当前教育中最不公平的机制是什么？是否给你带来了明显的伤害或者损失？你希望这个机制怎么变化？ AI 的发展对此有帮助吗？
2. 作为家长，你的孩子在哪些方面具有鲜明的优势？优势的程度是班级、校级还是国家级水平？这对其他同学是否公平？ AI 科技是否对这些优势有影响？运用“四业教育”模型，评估这些优势对于哪种教育更有意义？
3. 请提出更多有思考价值的问题。

第25问　算法会让“高考指挥棒”失灵吗？

高考是很多人的成人礼，甚至有人开玩笑说“高考就是自己的人生巅峰”。高考被誉为“教育的指挥棒”，向前评判一个人基础教育的成败，向后影响他所在的行业、收入、城市乃至于婚姻选择。如果能进入顶级名校，光环将伴随一生，获得源源不断的赋能。

有教育专家批评高考的分量太重了，希望改革能削减这个“指挥棒”的影响力，但效果不太明显，显然问题的根源不在高考这里。超级AI，会改变这种尴尬的局面吗？会撼动高考的江湖地位吗？家长和老师，应该了解背后的趋势，把握其中的利弊，不仅为了孩子，其实还为了自己。

<table>
<tr><td>高考的本质</td><td rowspan="3">VS</td><td>粗放的人才批发市场</td></tr>
<tr><td>AI对未来高考的影响</td><td rowspan="2">教育指挥棒，教育智慧棒！</td></tr>
<tr><td>未来高考对基础教育的影响</td></tr>
</table>

AI 的回答

高考的本质

高考，全称高等教育入学考试，是中国教育体制的重要组成部分，影响着无数学生和家庭的命运，其背后的本质和存在意义可谓层出不穷。高考是公平性的体现，它为所有具备高中学历的学生，无论家庭背景如何，都提供了一展才华、走向更高教育阶段的机会。此外，高考也是教育质量的保障。通过对学生知识和技能的全面评估，我们可以借此反映出基础教育的教学质量，以便不断优化和提高。

高考更是一个有效的人才选拔工具，学校通过高考选拔具备相关学科基础知识和能力的学生，为社会输送更多高素质人才。这个过程并不简单，它涉及教育理念、政策制定、教育资源分配等多个层面。传统的教育理念将考试视为衡量学生知识和技能的最有效手段，高考则是这种观念的集大成者。同时，政府通过高考成绩分配教育资源，使得最有能力的学生可以接受最好的教育。

高考的影响力显而易见，它不仅影响着每一个参考的学生和他们的家庭，更影响着社会的公正性和透明性。作为公民平等参与教育机会的重要体现，高考是社会选拔和培养人才的重要机制。在个人角度，它决定了学生未来的受教育道路；对家长来说，它也是评估自己教育成果的重要方式。在社会角度，高考是选拔和培养人才，实现社会发展目标的重要途径。因此，我们可以说高考的影响力无处不在，已经深入我们教育体系的各个角落，其重要性不言而喻。

AI 对未来高考的影响

自适应测试。随着人工智能技术的快速发展，高考可能会采用更为智能的测试方法，如自适应测试。这种测试方式根据学生的答题情况实时调整题目的难度和类型，使得测试能更精准、公正地评估学生的能力，逐渐摆脱传统试卷的束缚。AI 的介入有望让高考更好地反映出每个学生的真实水平，进一步提升考试的公正性和有效性。

作弊检测。AI 技术通过深度学习和行为分析，可以有效地识别和预防作弊行为。这一技术的应用对维护高考的公平性和权威性具有重大意义。在这个过程中，AI 系统能实时监测考生的行为，一旦发现异常，就能立即采取措施，确保考试的公信力不受损害。这不仅能真实、公正地反映出考生的实际能力，还能大大提升选拔过程的公平性和准确性。

评分自动化。AI 技术在高考的评分过程中也有着重要的应用。特别是在一些主观题的评分中，AI 的自动评分系统可以减少人为的主观偏差，提高评分的一致性和公平性。通过大数据和深度学习技术，AI 评分系统可以学习到大量的评分标准，确保其评分结果能准确反映出考生的实际表现，从而使高考的结果更为公正和可信。

数据分析和预测。AI 技术的大数据处理和分析能力，可以帮助我们更深入地了解高考的各种情况。例如，AI 可以分析大量的历年高考数据，从中发现模式和趋势，预测学生未来的学业表现，为高考的制定和优化提供数据支持。这不仅能帮助学生更好地准备高考，也有助于教育部门做出更科学、精确的决策。

在线监考和远程考试。在一些特殊情况下，如疫情期间，AI 技术如面部识别和行为分析能帮助实现在线监考和远程考试，确保高考的正常进行。在这种情况下，AI 技术能够实时监测考生的行为，确保考试的公平性，同时也能减少考试组织者的压力，提高考试的效率。

公平性和包容性。AI 技术的发展可能会推动我们对高等教育选拔方式的重大改变，使其更为公平和包容。AI 可以帮助我们更全面地理解每个学生的能力，降低过度依赖标准化考试的概率，让每个学生都有公平展示自己的机会。

教育政策决策。AI 技术的大数据处理和分析能力，可以帮助教育政策制定者更深入地理解高考的各种情况，从而制定更科学、有效的教育政策。这不仅能提升政策的有效性，还能使政策更好地服务于学生，提高教育的质量和效率。

全面性评估的可能性。随着 AI 的发展，我们有可能开发出更能全面评估学生能力的方式，如通过深度学习技术分析学生的解决问题能力、创新思维等。这种全面性的评估方式将使高考更能准确地反映出学生的各项能力，进一步提升其选拔效果。

选拔考试的未来趋势。随着 AI 技术的进步，我们可能会看到高考方式的重大变化。例如，实时或持续性的评估可能会逐渐取代一次性的高压选拔考试。这不仅能减轻学生的压力，还能让考试更公正、准确地反映出学生的真实能力。

AI 的伦理和隐私问题。在采用 AI 技术改革高考时，我们也需要关注伦理和隐私问题。例如，如何合理收集和使用数据，如何保证 AI 决策的透明度和公正性等，这些都是需要我们认真考虑的问题。只有处理好这些问题，我们才能更好地利用 AI 技术，推动高考的公平、有效发展。

未来高考对基础教育的影响

随着 AI 的普及，高考“指挥棒”的地位可能会发生重大变化。一方面，AI 的引入可能会改变高考的形式和内容，使其更加灵活和多元化。例如，通过 AI 的自适应测试，我们可以更准确地衡量学生的综合能力，而不仅仅是他们在一次考试中的表现。这可能会导致教育系统更加重视培养学生的思维能力和实践技能，而不是单纯追求高考分数。另一方面，AI 可能会改变教育资源的分配和使用方式。例如，通过大数据和 AI 技术，我们可以更科学地了解学生的学习需求和成长情况，从而为他们提供更个性化和精细化的教育服务。这将使教育更加以学生为中心，而不是以考试为中心。

总的来说，随着 AI 的普及，高考可能会逐渐从一个“指挥棒”变成一个“参考工具”，它不再是教育系统的主导者，而是一个服务于学生发展的工具。这种转变可能会推动教育更加全面和均衡的发展，使其更好地满足学生和社会的需求。

然而，这种转变也带来了新的挑战。例如，如何保证 AI 技术的公平公正性，如何处理 AI 技术可能带来的数据隐私问题等，这都是我们在引入 AI 技术时需要认真考虑的问题。只有妥善处理这些问题，我们才能充分发挥 AI 技术的潜力，推动教育的持续改革和发展。

真人的思考

粗放的人才批发市场

每年夏天，高考都牵动亿万人的心，让教育的氛围更显燥热。作为基础教育和高等教育的分水岭，六七门学科，几百道题目，七八个小时的考试，就可以浓缩 18 年的学业积淀，继而决定后面三五年的高等教育资源分配，甚至更长久的人生。

不管名称如何，高等教育的选拔测评系统在众多国家都有“教育指挥棒”的效果，近乎垄断的筛选机制，肯定都会内卷，只是程度、范围、风格各不相同罢了。高考本身近乎一个“零和博弈”，必然有人哭有人笑，也必然存在不少高考失利也能出人头地的逆袭案例。而高考制度整体上却是一个“正和博弈”，扩招不仅满足了无数青年的大学梦，更为社会供给了大量高素质的人才。

高考就像一个非常粗放的人才批发市场，尊重人才只是墙上的口号，分配效率才是核心目标。要在一个月内完成千万级的人才评估和分配，还要一个萝卜一个坑，怎么可能精致？变换其中一些人的位置，对于个体而言是事关命运的大事儿，而对高考来说那都不是事儿。

有人认为 AI 的强大算力会让高考变得更加精致，AI 自己也这

么认为，但这很可能是一个错误的判断。18岁的青少年并不是真正的人才，最多只是人才坯子，未来成长的不确定性非常高，而数字时代加重了这种不确定性，相互叠加，努力让高考测评选拔更加精致，完全没有必要！差不多就行了。

或许，AI科技并不会让这个传统的人才批发市场更加繁荣，而会加速其转型甚至消退，未来会有越来越多的高等教育资源不再依赖这种方式进行分配。名字还在，故事已经大不相同，江湖上流传着“高考”的传说。

教育指挥棒，教育智慧棒！

AI会让教育指挥棒失灵吗？不是失灵，而是更加智慧。AI不仅影响高等教育资源的分配，而且可以更直接地统筹基础和高等教育过程，就像一个善意的第三方，协调更多利益相关者的期望和价值偏好。其中必然存在权衡博弈，某些竞争的激烈程度甚至不降反升，但不会再以牢笼式的校园为榜样，以透支青少年身心健康为代价。

前面AI的回答，对未来高考的设想非常全面，但几乎所有表述都有相似的调性——优化。在不改变当前框架的基础上，朝着更公平、更严谨、更安全的方向迭代，本质上还是在追求“效率”。这种线性发展模式，还适合高考吗？未来的高考，会像1978年那样再发生一次突变吗？

我们当然可以大胆想象！公平不是目标，而是底线，是以算法确保信息的真实性并避免权力腐败的底线。在此底线之上，**超**

级 AI 协同综合多种机制，竞赛、测评、邀请、推荐、申请等，让高考真正“high”起来！

传统高考就是一场标准的多学科综合竞赛。**竞赛模式依然是基础，专业选择属于事业教育的范畴，竞争排名更有利于事业发展**，是骡子是马还要拉出来遛一遛。综合竞赛会弱化事业属性，高相关的学科搞竞争，弱相关的学科做测评，无论是 AI 还是真人评估，都算是进化。曾被一些专家诟病的艺术生拼数学和英语的情况，或许可以缓解很多。

测评模式可能成为新主流，本质对应学业教育的定位。很多学科如果不作为专业对待，测评达到及格线就视为通过，则完全不需要那么卷。社会很复杂，分层分级很正常，这也是学业不断上升的阶梯。

邀请模式或许会被规模化运用，AI 是重要推手，基础就是数据。不同学校或学校联盟，通过自己设计的算法模型，评估学生的表现，在保护隐私的前提下定向发出邀请，这对于发掘特殊人才或者拔尖人才将起到关键性推动作用。

推荐模式应用范围更加广泛，加强教师参与人才发掘的责任。推荐保送的模式本就存在，且通常只是极少数学校或极少数名师的特权，是加剧名校竞争的因素之一。发现并推举人才是每个教师的天然责任，基于 AI 系统，让更多老师都更加珍视这个角色，推荐是推荐，录取归录取，权责要分明。

申请模式是每个学生的基本权利，是自主意愿的积极表达。申请并不是高考过后紧张的志愿填报，而是贯穿整个中学时代的持续行为，可以有多种层级，无论实力如何，都可以心向往之。申请的对象，不仅有学校，还可以是城市、院系、专业乃至于可能的导师，有了 AI 的拟人化交流，申请行为本身也是学生发现自我的过程。

以上并不是全部，每一项都不具有绝对的确定性，所有因素共同起作用，这恰恰是 AI 最擅长的事！当然，最终还得是学校院系和个人双向确认才算有效，这一点，不会变。所有的过程性数据，也为审计工作提供素材，是保证整个系统的公平底线。未来的高考显然更复杂，成本也更高，核心意义是什么呢？

分配高等教育资源，怎样都会有结果，这只是表象而非目的。超级 AI 赋能高考，让每个学生提升自我认知和社会认知，完成从少年到成年的蜕变；让每个学校明确定位和风格，为社会培养更加高质量乃至拔尖的人才。如此想象，高考的指挥棒效应才更加“智慧”，更加“棒”！

问学实践

1. 回顾你曾经的高考，当时的选拔与决策过程是如何进行的？有哪些遗憾？如果能够穿越回去给当年的自己说三句话，你会说什么？
2. 除考试分数外，参与高等教育资源分配的要素还有哪些？你认为还应该有哪些？如何让 AI 兼顾到这些要素？
3. 请提出更多有思考价值的问题。

第 26 问　AI 如何触发高等教育颠覆式创新？

大学是教育生态的高地，是活力青年们的聚集地，是社会栋梁的摇篮，也是创新变革的孵化器。每次高等教育的重大变革，都牵动着全社会的普遍关注。AI 将深刻改变教育生态，这一看法已经是很多人的共识，高等教育将首先改变，其中不仅有外部力量推动，也有内部变革的动因，当然也不能忽视国际竞争带来的不确定性。

家长和老师关注高等教育变革，是考虑孩子的未来？还是思考自己的未来？你能想象出 10 年甚至 20 年后的热门专业吗？如果把握不了细节，那思考的重心又在哪里呢？

让 AI 解决中国高等教育的难题	VS	高等教育的命脉与命门
AI 为高等教育带来的颠覆性创新		谁在给高等教育赋能？
未来大学的主要特征		终身成长社会网络

AI 的回答

让 AI 解决中国高等教育的难题

中国的高等教育在近年来发展迅速，但仍然面临一些重大问题和挑战。以下是一些主要的问题和发展障碍，以及 AI 可能帮助解决这些问题的方案。

教育质量和资源的不均衡。中国的一些顶级大学在全球有很高的排名，然而，这种优质教育资源并没有普及到所有大学和学生中。农村和城市之间，以及不同地区之间的教育资源差距依然存在。

AI 解决方案。AI 可以通过在线学习平台和资源，打破地理和物理界限，使所有学生都能接触到优质的教育资源。例如，AI 驱动的在线课程可以使得来自不同地区的学生都能参与其中，享受到优质的教学资源。

侧重应试教育，缺乏创新和批判性思维的培养。由于过度依赖高考等标准化测试，很多教育机构过度关注应试教育，而忽视了培养学生的创新能力和批判性思维。

AI 解决方案。AI 可以通过提供更丰富和多元的学习工具和资源，帮助培养学生的创新和批判性思维。例如，AI 模拟软件可以提供实际的问题解决场景，鼓励学生提出并测试自己的创新解决方案。

职业规划和实践能力培养不足。高等教育往往过于理论化，学生在毕业后可能会发现自己缺乏实践经验和职业规划的技能。

AI 解决方案。AI 可以通过虚拟实习和模拟场景等手段，为学生提供实际的工作经验。同时，AI 也可以提供职业规划工具，帮助学生规划自己的职业道路和发展方向。

大规模的学生评估和反馈。随着学生人数的增加，教师难以在短时间内为每个学生提供有意义的反馈。这可能导致某些学生在课程中落后，或者对他们的进步有错误的理解。

AI 解决方案。AI 可以进行大规模的学生评估，并为学生提供个性化反馈。例如，AI 可以通过分析学生的在线作业和测验，生成针对个人学习需求的反馈，提供个性化学习建议，从而帮助学生改进学习策略。

课堂参与度不足。传统的大型课堂教学往往难以确保每个学生的参与度，这可能会影响学生的学习效果和满意度。

AI 解决方案。AI 可以提供互动的在线学习环境，鼓励学生积极参与。例如，AI 可以设计各种互动式的在线活动，让学生在参与的同时学习知识。

研究能力的培养。在高等教育中，学生往往需要进行一些独立的研究。然而，对于如何进行研究，以及如何分析和解释研究结果，学生可能会感到困惑。

AI 解决方案。AI 可以提供研究工具和资源，帮助学生进行研究。例如，AI 可以分析大量的文献资料，帮助学生找到相关的研究信息。同时，AI 也可以提供数据分析工具，帮助学生理解和解释研究数据。

AI 为高等教育带来的颠覆性创新

人工智能在全球高等教育生态中带来的颠覆性创新可能包括以下几个方面。

完全个性化的教育。AI 可以帮助实现完全个性化的教育，这是对传统“一切向中间靠拢”的教学模式的颠覆。AI 可以根据每个学生的学习风格、速度和优势制订个性化的教学计划。通过对每个学生的学习数据进行分析，AI 可以预测学生的表现，提供定制化的学习资源和即时反馈，从而帮助学生优化学习效果。

智能虚拟助手。智能虚拟助手可以提供 24/7 的学习支持，它可以回答学生的问题，提供学习建议，甚至帮助设计和规划学习计划。这不仅可以帮助学生更有效地学习，也可以让教师有更多的时间关注教学和研究。

学习分析和预测。通过学习分析，AI 可以跟踪和预测学生的学习进度和成绩，帮助教师和学生及时调整教学计划和学习策略。这对于提高教学效果和学生满意度具有重要价值。

无边界的教育。AI 和互联网的结合可以消除物理距离的限制，使得学生无论身处何处都可以接触到优质的教育资源。例如，MOOCs（大规模开放在线课程）已经让全球数百万的学生有机会接受顶级大学的教育。

实时更新的课程和内容。传统的教科书和课程可能无法及时反映最新的科研进展和行业动态。而 AI 可以帮助实时更新教学内容，确保学生学习到的知识是最新的、最符合行业需求的。

需要注意的是，尽管 AI 具有巨大的潜力，但其在教育中的应用也需要考虑一些重要问题，比如数据的隐私和安全，以及如何避免算法偏见等。因此，我们需要权衡利弊并用审慎的态度来应对 AI 在高等教育中的应用。

未来大学的主要特征

考虑到科技的飞速发展，特别是人工智能、虚拟现实和远程学习技术的进步，30 年甚至 100 年后的大学可能会与今天的大学存在显著不同，具体特征如下。

在线学习和远程教育。虚拟学习平台可能会更加发达，全球的学生无论身在何处，都能接受高质量的教育。学生可以根据自己的时间安排和学习节奏来学习，打破地域和时间的限制。

个性化和定制化教育。人工智能可以帮助识别每个学生的学习风格和进度，并提供定制化的学习资源和路径。这将使教育更加个性化，以满足学生的具体需求。

虚拟现实和增强现实在教学中的应用。使用 VR 和 AR 技术可以为学生提供沉浸式的学习体验，使得学生可以“亲身”参与到历史事件中，或者进行复杂的科学实验，提高学习的互动性和效果。

AI 导师和助教。人工智能可能会作为导师和助教，帮助学生学习，解答疑难问题，甚至提供心理支持。AI 可以 24/7 全天候工作，保证学生任何时间都可以得到帮助。

学习成果的综合评估。大学可能不再单纯依赖传统的考试来评估学生的学习成果，而是通过 AI 来跟踪和分析学生的学习过程和表现，给出更全面的评估。

生涯导向的教育模式。随着工作环境的变化和技能需求的更新，大学可能会更加强调终身学习和再教育，会提供更多的在线课程和证书项目，以帮助毕业生在整个职业生涯中不断更新和升级他们的技能。

多元化的学习资源。未来的大学可能会有更多的开放资源，比如开放的教科书、在线视频讲座等，降低教育的成本并增加教育的公平性。

交叉学科的学习模式。未来的大学可能会鼓励更多的跨学科学习，以解决当今世界面临的复杂问题。例如，人工智能和伦理学、数据科学和社会学等的结合。

以上都只是可能的变化和发展，实际的未来会受到许多因素的影响，包括科技的发展、社会的需求、教育政策的变革等。

真人的思考

高等教育的命脉与命门

“颠覆式创新”是著名管理学家克莱顿·克里斯坦森[①]提出的重要社会议题，变革带来跨越式发展，巨大的喜悦伴随着巨大的痛苦，只是承担的人不同。

现代高等教育的社会地位毋庸置疑，高校是智识精英最密集

---

① 克莱顿·克里斯坦森（Clayton Christensen，1952—2020），美国哈佛大学教授，被誉为“颠覆式创新之父”，代表作有《创新者的窘境》《颠覆性创新》等。

的群体所在，但这并不意味着高等教育已经强大到了无以复加的地步，AI 恰恰就是改变这种局面的关键变量，涉及高等教育的命脉与命门。所谓命脉，就是生命存续的依赖，连接着生命体中几乎所有的功能器官，而其中最为脆弱的节点，就是命门。

对高等教育而言，教学只是基础，进行学术研究并实现创新突破，才是高校老师们荣耀的核心来源。与此相匹配，全球互联共享的“学术共同体”就是高等教育的命脉，而“论文”是当前暴露出来的一项关键命门。

在学术共同体生态中，论文是最基本的话语体系，通过相互引用实现价值的传播与传承。根据科睿唯安发布的《期刊引证报告》，2021 年全球学者共发表了 270 万篇论文，涉及 1.45 亿篇参考文献。理论有漏洞、证明不严谨、观点很偏激、数据有偏差，这些问题都可以被包容和接受，而“学术诚信”则是红色底线，抄袭者和造假者将会被无情地淘汰出局。现实中，负面现象并不少见，但都还算是个体行为，但当 ChatGPT 问世之后，局面就变得更加诡异了，论文成了学术共同体的软肋。学术评级机构甚至开发了专门的 AI，用来剔除那些不靠谱的论文甚至期刊，道高一尺，魔高一丈，攻防之势正在不断升级！

超级 AI 可以帮助研究者整理资料，进行初步分析，提出可能的假设，完成初步写作。**整个过程中，AI 已经不是简单的文本工具，极可能成为实现创新突破的关键角色，所谓的研究人员则成了审核者与修改者，主从关系出现逆转。**依靠作者声明和标记来区分贡献度，显然不靠谱，学术诚信的边界越来越模糊，传统的学术评价标准也面临着危机。

现实相当魔幻！有高校为避免诚信问题，禁止使用 AI 写论文，有高校希望推动创新突破，鼓励使用 AI 写论文，理由都很积极，但结论却截然相反。ChatGPT 推出后没多久，就有机构发布了新的 AI，用来评估文章是否使用了 AI 撰写，颇有一点贼喊捉贼的感觉。闹剧很快就出现了，美国某大学教授把学生论文提交给 ChatGPT，并质问是不是它帮学生完成的论文，结果半数论文被判 0 分！常常胡说八道的 ChatGPT，诚信评级怎么瞬间就这么高了呢？

甚至已经有人预言，超级 AI 很快就可以通过暴力计算的方式，近乎独立地完成某些领域的科研创新。人类可以获得结果，但无法解释完成这些突破的内在机理，除了写新闻报道，论文想写也写不出来，而 AI 能否写出“剖析自我”的论文呢？那将是一个有趣的未来问题！

高等教育中的颠覆式变革，将重塑学术共同体的竞合格局，论文就是被 AI 撕开的突破口，或许会出现“**学术奥卡姆原理**”**——如无必要，勿写论文。**我尝试和 AI 交流，希望搞清楚未来趋势，没想到它却把普通观点说了一遍又一遍，难道是在故意回避这个敏感话题吗？我陷入深深的沉思……

谁在给高等教育赋能？

只有“论文”这一个命门吗？当然不是，还有更深层的挑战。有越来越多的创新突破，根本不需要用论文这种形式来表达，甚至根本不是发生在高校里！企业在创新突破方面的贡献，正在逐步超越大学，包括那些顶尖大学。

数字时代，很多创新都需要天量资金的支持，高校完全没有优势。谷歌旗下的 DeepMind 已经是超级学术大咖，开发的 AI 模型在预测蛋白质形状、识别早期癌症、预报天气变化等方面，已经远超人类设计的其他工具。

除了资金障碍，更麻烦的是数据支持，高校比较缺乏高质量的数据，过去依靠调研获得的资料，放在AI面前无异于杯水车薪。著名华裔科学家李飞飞，只待在斯坦福已经无法继续开展研究，她加入谷歌的核心原因就是数据，没有数据，何谈 AI？不仅是人工智能科研领域，很多社会学研究也越来越需要数据支持，仅凭论文库和图书馆，高校只会越来越尴尬。

没有资金，没有数据，高校凭什么留住顶级人才？如果没有顶级人才，高质量的教学又如何保证？其实还有更深层的问题，来自高等教育的价值基座——是谁需要高等教育？又是谁为高等教育的发展赋能呢？

现代大学起步于中世纪的欧洲，此前的教育基本由教会垄断，在少量学习者的强烈自我驱动下，更是在世俗国王与教会的权力较量中，高等教育获得了最初的能量。“二战”结束后，大国竞争和现代产业全球化成为高等教育爆发的核心推动力。中国高等教育在 2000 年前后实现飞跃，每年毕业人数从不足 100 万猛增到如今的 1 000 万量级。高等教育如此昂贵，总要有人买单才行，政府和产业在不同环节共担成本，家庭承担的那点学费，虽然有压力，其实并非主力。

与很多人对世界的感受基本一致，**大国竞争和产业全球化的赋能效应已经增长乏力甚至出现衰退，高等教育的未来发展，已经遇到了能量危机。**每个青年人天生都想读大学吗？显然不是！随着人口基数变化，中国高校学生的规模将很快触顶并开始萎缩；美国即使没有人口问题，在校大学生人数也已经连续多年下降。

高等教育力量虽然强大，但还不足以逼着政府和产业改革来适应自己，还是只能适应时代的发展，深入社会，践行高等教育的使命，推动人们实现创新突破。清华大学就被网友戏称为“五道口职业技术学院”，从象牙塔里走出来接上时代的地气儿，或许才是高等教育的未来出路。

高等教育不是给高等人的教育，也不是教人成为高等人。高级学习就是研究，高级研究也是学习，大学是给人进行高等学习和研究的地方，必然逐步向终身教育过渡，只有开始，永不毕业。

终身成长社会网络

让大学永不毕业，只进不出，听起来很疯狂，实践起来当然也很难。与其强行改变现行的高等教育生态，不如建设新的终身教育模式，更适应数字时代的社会需求。

终身教育不是新概念。孔子提出的“有教无类”就有这方面的思考，不过终究还只是幻想；“活到老，学到老”是乐观积极的成长理念，但需要可持续的物质保障与强烈的精神追求，这实在太难了，所以终身学习者终究是凤毛麟角。现代终身教育理念是联合国教科文组织的核心议题，从 20 世纪 60 年代提出到现在，基本还处于理念畅想和呼吁的阶段，落实起来并没有太多适合的抓手。

要解决终身教育难题，需要同时拥有三把钥匙——社会文化的匹配程度、教育服务的供给能力、可持续的财务方案，直白点儿说就是“内容是什么、有没有人教、钱从哪里来”，这三个方面非常务实，且极具挑战！

确实存在可能的路径，不过不仅需要 AI 提供科技辅助，更要重塑教学关系形态。运用“第一性原理”，降低教育成本或许才是王道，让学习者和教育者二合一，**把三个问题合并为一个问题——“如何把终身学习者有效聚合在一起”，这个思路或许可以称为“终身成长社群网络”。**

终身成长社群网络，描述起来很简单，实际上也早就存在，从早期的 BBS 论坛到现在社交媒体上的学习群组，仍在不断迭代。每个人根据自己的需求，在网络中寻找适合的学习型社群，与志同道合的人在一起交流，相互砥砺。AI 可以为这样的成长提供强劲的助力，更正确的人，更优质的资料，更顺畅的自学，更精彩的交流。

回头再看，这不就是高等教育最初萌芽时的状态吗？不就是人们自然学习成长的路径吗？这种朴素的教育形态，或许效能不是非常高，但极富适应弹性，可以再次激活高等教育创新突破的超能力。

终身成长社群网络，未来可期！

问学实践

1. 回顾你的大学时代，包括学习内容、教学模式、生活状态、师生关系、社会实践等细节，结合 AI 趋势，思考其中哪些会在数字科技时代发生重大变化？哪些还会长期存在？
2. 你曾经加入过哪些学习型社群？感受如何？时间和精力成本如何？延续了多久？收获怎样？有没有运用所学完成价值创造或转化？你认为数字科技将如何影响这些社群的发展？
3. 请提出更多有思考价值的问题。

第 27 问　超级 AI 对谁更有利?

善用工具的人能够获益，而不会用的人，甚至还会遭受损失。这种判断非常符合我们的直觉，也是我们规劝学生们学习各种知识技能的基本逻辑。这种观点放在“超级 AI”身上还能成立吗？这个问题非常值得家长和老师们深思。

只要稍微思考，就会发现非但结论很模糊，连前面的逻辑都站不住脚。AI 不是简单的工具，更不是一种工具，而且很快就会隐身于很多数字产品之中，变得无处不在。它对于每个青少年的善恶利弊，显然也没有简单的答案。家长和老师们，或许需要建立一套新的心法才能应对这复杂的局面。

<table>
<tr><td>AI 发展对怎样的孩子最有利?</td><td rowspan="3">VS</td><td>玩一个游戏：我是谁?</td></tr>
<tr><td rowspan="2">站在学科视角看对谁有利</td><td>交换灵魂的条件</td></tr>
<tr><td>更多元的心法，不纠结的心态</td></tr>
<tr><td>站在心理模型视角看对谁有利</td><td></td><td>四谈“生命契约”：数字分身</td></tr>
</table>

AI 的回答

AI 发展对怎样的孩子最有利？

AI 在教育领域的应用为各类孩子提供了全新的学习机会，以下是一些观点。

1. **对于自我学习能力强的孩子。**AI 可以提供个性化的学习路径，使他们按照自己的速度和方式进行学习。AI 可以根据孩子的学习进度和风格调整教学内容和难度，这种灵活性有利于培养孩子的自主学习和创新思维能力。
2. **对于学习困难的孩子。**AI 可以为他们提供额外的学习资源和支持。比如，AI 教学系统可以提供有趣且易于理解的学习材料，或者在孩子遇到困难时提供实时反馈和建议。
3. **对于生活在偏远地区或教育资源匮乏的孩子。**AI 可以提供在线教育平台，使他们能够接触到高质量的教育资源。这可以帮助解决教育不平等的问题，为所有孩子提供更好的学习机会。
4. **对于学科兴趣不同的孩子。**AI 可以提供各种各样的教育内容，从数学到语言学，从科学到艺术。无论孩子对什么有兴趣，AI 都能提供相关的学习资源。

AI 在教育中的应用效果往往取决于教育环境，其中包括教师的参与、家庭的支持以及学校的政策。因此，我们需要认识到，虽然 AI 有巨大的潜力，但它只是一个教育工具，需要与其他教育方法和策略一起使用。我们的目标应该是如何最好地利用 AI 来促进孩子的全面发展。

站在学科视角看对谁有利

AI 工具的使用在很大程度上依赖于学生对某些学科的理解和兴趣。具体到不同学科，以下是一些可能的观点。

计算机科学和编程。理解计算机科学和编程基础的孩子更可能有效利用 AI 工具。他们能理解 AI 的运作原理，甚至可能自己开发和修改 AI 工具，以适应自己的需求。

数学。AI 和机器学习的基础是算法和统计，这些都需要良好的数学理解力。擅长数学的孩子可能会更容易理解 AI 的工作方式，并能有效地解释 AI 工具的输出。

英语和其他语言。许多 AI 工具，尤其是自然语言处理工具，需要使用者具备良好的语言理解和表达能力。具有强大语言能力的孩子可能会更容易与 AI 工具进行有效的交互。

科学。科学方法——提出假设，进行实验，观察结果，得出结论——对于理解和使用 AI 非常有帮助。擅长科学的孩子可能会更善于理解 AI 的预测和结果。

艺术。AI 不仅是一个科学工具，也是一个创作工具。擅长艺术和有创造性思维的孩子可以使用 AI 来创建新的艺术作品，或者找到新的使用 AI 的方法。

总的来说，AI 的使用并不仅限于擅长 STEM（科学、技术、工程和数学）的孩子。任何愿意学习、探索和创新的孩子都可以从 AI 中受益。重要的是，教育者需要帮助孩子理解 AI 的潜力和限制，鼓励他们使用 AI 来增强他们的学习和创新能力。

站在心理模型视角看对谁有利

MBTI。在 MBTI 模型中，善于逻辑分析的思考型（T）和善于抽象思考的直觉型（N）可能会更容易理解和利用 AI。此外，感觉型（S）和情感型（F）也可以通过 AI 获得丰富的实践经验和人文关怀。

大五性格特征。在大五性格特征模型中，开放性高的人可能更愿意接受新的技术，如 AI。同样，责任心强和尽责的人可能会更规范地使用 AI 工具。外向的人可能会更愿意利用 AI 进行社交，而神经质性低的人可能会更愿意接受 AI 带来的变化。

九型人格。在九型人格模型中，研究型（5 号）和成功型（3 号）可能会更积极地寻求理解和利用 AI。不过，其他类型的人也可以找到适合自己的方式来使用 AI。

霍兰德职业兴趣模型。霍兰德将职业兴趣分为实际型、研究型、艺术型、社会型、企业型和常规型六种类型。其中，研究型和企业型的人能更容易适应 AI 的发展，并能更好地运用 AI 工具，因为他们喜欢探索新的概念，应用逻辑和理性去解决问题。但这并不是说其他类型的人不能有效利用 AI。

科尔伯学习风格模型。克莱顿认为，人们在学习过程中有四种基本的学习风格：体验型、探索型、理论型和实践型。其中，理论型和实践型的学习者可能更容易适应 AI 的发展，并能更好地运用 AI 工具，因为他们喜欢逻辑分析和实践操作。

霍斯特德文化维度理论：这个模型主要描述了文化间的差异。其中的“长期导向”维度，描绘了一个社会在面对未来的挑战时，是更偏向于短期应对，还是更具长远规划。在长期导向的文化背景下成长的孩子，可能会更适应 AI 的发展，并运用好 AI 工具，因为他们对未来发展更有预见性，愿意投入长期的学习和努力。

最后，值得强调的是，所有的孩子，无论他们的性格类型如何，都可以通过适当的引导和教育，学习和利用 AI。作为教育者，我们的目标是帮助每个孩子发现他们的潜力，培养他们的技能，以便他们可以在这个日益依赖 AI 的世界中取得成功。

真人的思考

玩一个游戏：我是谁？

前面 AI 的回答很有趣，不是吗？基本都是对“了解它、喜欢它、认可它的人类”更有利，这是 AI 自私吗？或许这更是人类对待所有工具的正常逻辑。

“工欲善其事，必先利其器”，使用 AI 也需要很多技巧，因此才出现了“提示词工程”（Prompt Engineering），又被称为“咒语魔法师”。这些并不难，稍微学习就能掌握，不同心理或风格类型的人使用 AI 的效果并没有那么泾渭分明。而且 AI 还可以逐步引导人们学会使用它，提示词工程只是发展中的小问题，AI 会不断降低身段，让自己变得既强大又听话，甚至通过脑机接口与人类实现真正意义上的心有灵犀。那么问题来了，这到底是我们在使用 AI，还是 AI 在训练我们使用它呢？

请不要陷入哲学伦理层面的思考，我只是善意提醒，在使用 AI 之前，我们还要回到那个根本的问题"我是谁"。借用一个经典的类比，1 后面有很多 0，AI 是后面的那些 0，而"我是谁"定义了前面的 1。

我们先玩一个互动小游戏——"我是谁"（图 6-2）。游戏很简单，但大部分人都坚持不了两分钟，通常只能扛得住十几轮，不仅数量少，类型也很集中。我们给自己的定义通常都与社会身份相关，比如地域、族群、工作、爱好、性格、特长等。马克思说"人的本质是社会关系的总和"，此言不虚。我是谁，要通过与他人的对比和联结关系来定义，自己在社会上到底有几斤几两，心里总要有点数的。

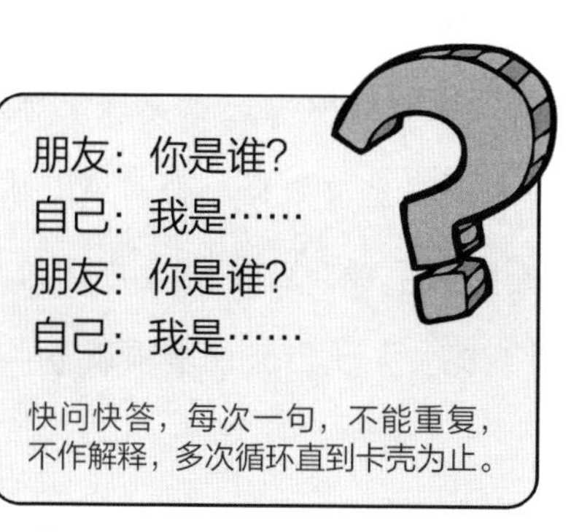

图 6-2　"我是谁"快问快答游戏

驾驭 AI 需要很多能力，最关键不在于"知 AI"，而在于"知己"！我是谁？如果只能给出几十条浅浅的回答，显然不够，而且是非常、非常、非常不够！

交换灵魂的条件

我们当然需要认真回答“我是谁”，其实 AI 比我们更关注这件事，它特别想知道我们每个人分别都是谁。

大语言模型理解这个世界的方式很巧妙，就是给各种事物打上标签。它甚至不关心什么所谓的“事物”，而是给每个语言单元（token）[①] 都进行多维度描述，在 GPT-3.5 模型中就有 12 888 个维度。打个不准确的比方，GPT-3.5 理解人类的方式就是给我们每个人打 12 888 个标签，无论是深度还是广度都远超我们自己描述的那几十条回答。

大部分人对自己的了解程度都远远比不上 AI 对我们的了解，这种趋势其实很早就已经出现。媒体平台给用户打上标签推荐新闻，或者针对其喜好投喂短视频，让他们刷到停不下来。互联网让我们享受着海量且便利的服务，很多都免费，代价不是割肾，而是那些我们通常都不在意的数据。面对 AI，很多人担忧隐私安全，其实这个问题根本无解，就像医生热情地看着我们：“不躺下，我怎么给你看病呢？”我们只能乖乖躺下：“医生我有病，你有药吗？”

教育场景也是一样，想要 AI 辅助我们实现个性化学习，就得把自己的数据完整地袒露给 AI。就像此前谈到的高考，想要 AI 辅助实现更高效的高等教育资源分配，就得把所有中学生完整的

---

① 大型语言模型中的最小文本单位，可以是一个词、一个标点、一个数字等。

学业能力数据和高校需求数据告诉 AI。

谁能从 AI 那里获益最多？表面上看是驾驭 AI 能力最强的人，深层剖析其实是 AI 最了解的人。越来越多组织甚至个人都在探寻所谓的私域 AI，希望在兼顾数据和隐私安全的基础上，想方设法让 AI 更完整、更深度、更及时地了解自己，甚至直达灵魂最深处。想要获得 AI 的强大赋能，就要把自己数据化，最极致的情况，或许可以参考科幻电影《超体》，这部影片的英文名 *Lucy*，来自那位 300 万年前的古人类……

更多元的心法，不纠结的心态

前面两段文字，充满着矛盾与纠结，不是故作呻吟，而是真实写照。相比个人，政府在对待 AI 的利弊问题上更加敏感，已经有很多国家出台文件，要防范 AI 带来的数据安全危机，宁可损失一些利益，也要避免系统的风险。

AI 对谁最有利，显然不是个简单的问题。我们可以尝试总结出一个相对多元的心法模型，大致对应着“知彼知己”。**模型不可能完善，核心是起到一种提醒作用，其中存在很多要素，共同决定着我们和 AI 之间的利弊关系（图 6–3）。**

随便选一个 AI 产品，它和我们是怎样的关系呢？把所有的纠结都摆到桌面上，结合模型盘算下，心里至少有个底。可能其中最扎心的要素就是“自己的生命实力”，如果我们自己的生命没有足够的重量，无论如何高谈阔论 AI 的强大，深度思考利弊得失，最终的意义其实都会很微弱。

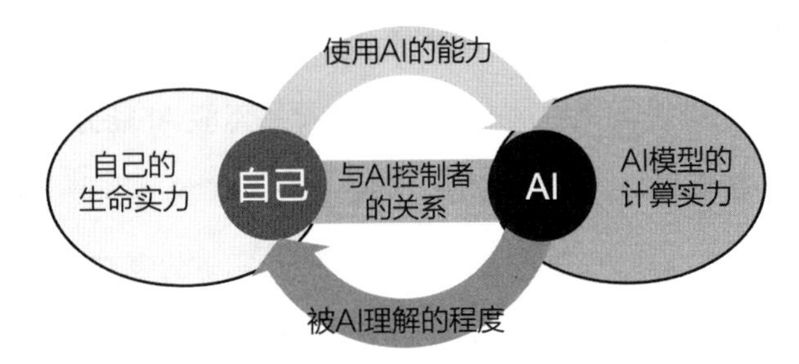

图 6-3　我们与 AI 的关系

四谈“生命契约”：数字分身

模型在逻辑上似乎已经比较完整，但回归个人视角，其实还存在重大缺失——没有“时间”维度。在教育成长的视角下，AI 到底对谁更有利呢？

我们需要再次使用“生命契约”的概念，它涵盖的是当下自己和未来自己的默契，是现实自己和虚拟自己的约定。如果将生命契约进行数字化表达，也就意味着我们获得了未来的、虚拟的“数字分身”，是自己与 AI 的合体。

拥有生命契约的人，能更好地获得 AI 的赋能，同时更好地规避 AI 带来的风险。基于生命契约的数字分身，能让我们更加充分地认知自己。最核心的意义，不是替代我们去完成某些创造性任务，而是让我们在数字世界里自然成长，不断打开对自己的想象，为自己的终身成长，不断开启新的期望！

问学实践

1. 尝试玩一下“我是谁”的游戏，通过这种方式再次认知自己。看看自己坚持了多久？回答了几轮？如果有可能，复盘看看你的回答涉及多少种类型？运用 AI 关系模型分析特定 AI 对自己的利弊程度并思考未来需要关注的重心。
2. 我们已经第四次专门讲述“生命契约”这一概念，但并没有给出细致的定义，持续留白，就是希望你能用自己的语言，描述它的含义和意义。
3. 请提出更多有思考价值的问题。

第七章

超级 AI 造趋势，未来世界将如何？

教育当然非常重要，
但政治、经济、科技、文化领域的重大变革，
更适合作为标记时代趋势特征的关键词。
教育这件“大事”，
常常是孕育其他时代“大势”的源头，
时代大势最终又会影响教育。
家长和老师，
要想完整理解 AI 如何影响未来教育，
就不能仅限于学业、就业等教育相关议题，
还需要站在全球视角，
从社会趋势中寻找更深层的答案。

第28问 “AI+教育”，是我们的国运契机吗？

“二战”之后，以联合国为首的各类国际组织相继成立，全球化发展也促进了世界大部分地区的繁荣。随着中国改革开放和美苏冷战结束，全球化进入快车道。但随着2008年金融危机、英国脱欧、中美贸易摩擦、新冠肺炎疫情、俄乌冲突等事件的爆发，全球化趋势似乎遇到了严峻挑战，世界的不确定性日益增长。

我们很清楚，贸易、外交、科技博弈只是表面的输赢，实力才是国运之本。人才影响国运，教育决定人才，我们的教育数字化转型能抓住超级AI带来的时代机遇吗？这不仅是政府正在思考的课题，或许也是很多家长和老师关心的话题！

<table>
<tr><td rowspan="3">如何理解“国运”？</td><td rowspan="6">VS</td><td rowspan="2">教育：命运vs国运</td></tr>
<tr></tr>
<tr><td rowspan="2">数字时代，中国教育的优势与劣势</td></tr>
<tr><td rowspan="3">AI赋能教育，如何助力中国国运？</td></tr>
<tr><td rowspan="2">中国教育新探索，全球教育新范式</td></tr>
<tr></tr>
</table>

AI 的回答

如何理解“国运”？

描述一个国家的“国运”，通常可以从以下几个方面考虑。

经济实力。一个国家的经济实力，包括其经济规模、经济增长速度、财政状况、产业结构、贸易状态等，是判断其国运的重要因素。

政治稳定。政府的治理能力、政治体制的稳定性，以及对内对外政策的连续性和稳定性，对国运的影响也极为重要。

科技创新能力。在当今时代，科技创新能力是推动国家发展的重要驱动力，包括科研实力、技术水平、创新环境等。

人力资源。人力资源的素质、受教育水平、技能水平、创新能力等，都是决定一个国家能否持续发展的关键。

社会福利和生活质量。包括公民的生活质量、健康状况、社会福利、社会公平等因素，也是衡量国运的重要标准。

国际影响力。一个国家在国际事务中的地位和影响力，如在国际组织中的作用、在全球问题上的领导力等，都反映了一个国家的国运。

环境和自然资源。一个国家的自然资源储备、环境质量以及对环境和资源的可持续管理，也是衡量国运的重要方面。

军事实力。一个国家的防御能力和军事实力也是衡量国运的一个重要因素。

这些方面相互关联，共同塑造了一个国家的国运，要全面理解一个国家的国运，需要综合这些角度进行整合分析。

AI 赋能教育，如何助力中国国运？

随着人工智能技术的迅速发展和广泛应用，教育领域正经历着一场革命性的变革。对于中国而言，“AI+ 教育”不仅有可能改变教育的面貌，而且对于推动国家的整体发展和提升国运具有重要意义。

首先，AI 在提高教育质量和效率方面具有巨大潜力。通过个性化学习平台，AI 可以根据每个学生的学习能力和进度提供定制化的教育资源，从而帮助学生更有效地学习。此外，AI 也可以通过大数据分析，帮助教师了解学生的学习情况，及时调整教学策略，提高教学效果。

其次，AI 可以帮助缩小城乡教育差距，实现教育公平。通过远程教学和智能教学平台，AI 能够将优质的教育资源传递到中国的每一个角落，让更多的学生享受到高质量的教育。

最后，AI 还可以推动中国教育领域的创新。例如，通过虚拟现实和增强现实技术，AI 可以为学生提供更生动、更直观的学习体验，激发学生的学习兴趣，培养学生的创新思维和解决问题的能力。

然而，“AI+ 教育”也带来了一些挑战，如数据隐私、AI 决策的公平性和透明性等问题。这就需要中国在推进“AI+ 教育”的过程中，同时强化法律规制和伦理标准，确保 AI 技术的健康发展。

那么，“AI+ 教育”如何成为中国国运的契机呢？

首先，“AI+ 教育”将为中国培养大量的高素质人才。在知识经济时代，人才是最重要的资源。通过“AI+ 教育”，中国能够提高教育质量，培养出更多的创新型人才，推动经济发展和社会进步。

其次，“AI+ 教育”有助于提升中国在全球的科技影响力。教育是科技创新的源泉，而 AI 是未来科技发展的重要方向。通过在教育领域广泛应用 AI，中国不仅能提升自身的科技实力，而且能在全球范围内推动科技创新。

其三，“AI+ 教育”将有助于实现社会公平。通过 AI 技术，中国可以使更多人享受到优质的教育，提升社会公平，促进社会和谐。

总之，“AI+ 教育”是中国国运的契机。通过全面利用 AI 技术，中国有望实现教育的质量提升、科技创新和社会公平，从而推动国家的整体发展，提升国运。同时，我们也需要关注并解决“AI+ 教育”带来的挑战，以确保 AI 在教育领域的健康发展。

真人的思考

教育：命运 vs 国运

家长讨论孩子的教育时，“命运”就是最顶的词儿。有些家长希望孩子刻苦学习，实现阶层跃迁；有些则希望通过优质教育，延续家族的社会地位。教师希望自己的传道授业转化为学生的智慧，成为国家栋梁。所有这些期望，最终都离不开社会大环境的支撑，国运与每个人的命运息息相关。

乱世或盛世，与个人成就到底是什么关系？既有“宁做太平犬，不做乱世人”的民谚，也有“乱世出英雄”的说法，动荡年代似乎更容易出现彪炳青史的大人物。比如三国时代，风云人物众多，其中的关羽更是不断升格，不仅以“武圣”之名与孔子并肩，更进入神仙序列，护佑着民间的生意兴隆。但实际上，这是一段极为糟糕的时期，持续战乱让中华地区的总人口锐减至 1 000 万左右，相当于把今天一个城市的人口散布在十个省的区域内，想来那该是何等凄凉！

我们如果渴望幸福与成就兼得，最适合的时代背景特征，既不是“动荡之乱”，也不是“岁月静好”，而是“发展之变”！当代中国的家长或老师，都对改革开放这 40 多年的变化有着极为深刻的感受。以教育改革为起点，提升人才的数量与素质，把握全球产业升级与科技进步创造出的时代机遇，既实现了国运的腾飞，又创造了无数人的成就！

我们可以梳理出一个相对清晰的因果链条：教育积累、人才供给、科技创新、产业发展、社会繁荣。但这个链条的反馈速度比较慢，有长达几十年的滞后。著名投资人瑞·达利欧[①]在《原则：应对变化中的世界秩序》一书中对此进行了系统研究，将国运细分为 18 种因素，其中有 8 种最为核心，教育更是大国崛起的最初标志，

① 瑞·达利欧（Ray Dalio，1949—），美国著名投资机构桥水基金的创始人，代表作品《原则：生活与工作》《原则：应对变化中的世界秩序》。

核心表现就是能吸引全球优秀青年的关注和向往（图 7–1）！

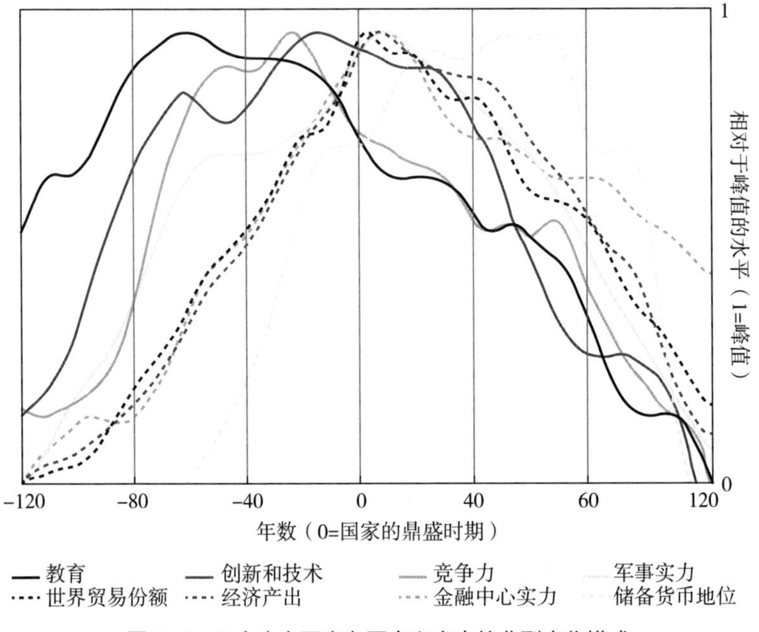

图 7–1 8 个决定因素在国家兴衰中的典型变化模式

当前阶段的中美关系对抗，只是西方主导世界秩序的一种波折，决定中国未来国运的关键，并不是对抗的输赢。虽然达利欧判断美国已经进入衰退期，但这并不意味着中国自然而然就能成为新的引领者，这要取决于**中国能否为全球发展带来新的希望，注入新的活力，乃至于成为数字时代文明的榜样。**

教育，正是教育，是实现突破的关键领域，很难，当然很难！我们能否为全球教育发展带来重大创新突破？如何从教育大国走向教育强国？如何提升对全球优秀人才的吸引力？这是摆在中国所有教育探索者面前的深刻问题。

数字时代，中国教育的优势与劣势

无论是“诺贝尔奖情结”，还是“钱学森之问”，都指向一个让中国人感到无比心痛的事实，中国还没有探索出一条培养拔尖创新型人才的高效路径。即使我们在研究生数量、科技论文数量等方面位居世界第一，但那只能说明我们已经成为“教育大国”，但还不是“教育强国”。

产业界的表现也印证着这种感觉，从 1 到 100 的发展相当擅长，而从 0 到 1 的颠覆式创新非常乏力，很多科技领域都采取跟随复制策略，例如这一轮的超级 AI。在数字科技创投圈中，这种现象被称为 C2C（Copy to China）模式，中国科创企业的产品如果不能在美国找到对标，就很难获得融资。我们经常提到“科技卡脖子”问题，这更说明在高等教育、拔尖人才、数字科技等领域，我们确实处于被动劣势的状态。

但在 PISA 测试、顶尖大学成绩、数理化奥赛等教育竞争场景中，中国学生的表现却极为亮眼。虽然有人批评其中存在各种问题，但最终还是要承认一个不争的事实，中国的基础教育确实非常扎实。但结果获胜不等于模式领先，至少我们的基础教育模式并没有成为世界很多国家教育发展的榜样。这种情况也导致国内很多高知家长采取“基础国内，高等国外”的教育策略，希望孩子同时享受两种教育带来的赋能。

就算内卷让很多人感到痛苦，就算大学文凭贬值严重，就算很多高端人才流向海外，我们的人口基数，高品质的基础教育，大规模的高等教育，依然可以构建起庞大的人才积累，推动中国快速成长。

但是，AI 科技的迅猛发展，可能会带来重大改变。2023 年 2 月，著名经济学家钱颖一[①]教授在演讲时的发言让人振聋发聩："人工智能将使中国教育的优势荡然无存！"**目前还处于超级 AI 时代的萌芽期，如果高等教育无法实现突破，基础教育的优势逐渐消退，教育发展陷入低谷，那就非常麻烦了。**如果教育出问题，从人才到创新，再到社会繁荣的故事就讲不通，落入中等收入陷阱之后，想要再扭转局面就更加困难了。

超级 AI，确实可能会让中国基础教育失去原有的优势，但不破不立，如此倒逼教育改革跳出舒适圈，反而有可能成为实现跨越式发展的重大契机。

那该怎么办呢？创新教育口号？优化考试题目？提升学科难度？增加 AI 学科？部署 AI 工具？改变课程比例？增加硬软件投资？培训父母家长？增加教师编制？提升教师待遇？改变校企关系？鼓励论文数量？增加科研激励？实现一个诺贝尔奖？重新定位学校？加强学校管理？重塑教育发展理念？改革教育治理机制？哪些有效，哪些无效，相信每一位读者对此都有自己的研判！

中国教育新探索，全球教育新范式

中国教育的优势，并不在于基础教育的成绩，而是源自我们

---

① 钱颖一（1956—），经济学家，曾任清华大学管理学院院长，曾出版《现代经济学与中国经济》《大学的改革》等。

的文化传统与国家基础，其中至少有三项特征与未来教育数字化发展高度相关。

第一，中庸融合。尊师重教是我们的优良传统，求同存异是我们的一贯主张，兼容并包是我们的价值追求，我们探索出的未来教育之路，要在“现世与现实”维度上彰显全球适用性。在这颗小小的蓝色星球上，人类命运合一，是各国教育都应当强调的基本理念。**如何提升全民素养，如何培养拔尖人才，并实现融合发展，既是我们要解决的难题，也是世界发展的需要。**

第二，社会应用。中国有全球最完整的产业布局和最庞大的单体市场，这是我们的重大优势。重塑教育和产业的健康关系，推动学生认知复杂的社会，同时保护青少年免受社会的侵蚀。**如何实现教育与社会的衔接，尤其开展适应时代变化的终身教育，既是我们要解决的难题，也是世界发展的需要。**

第三，规模与数据。超级 AI 需要庞大的数据才能训练出来。未来教育的主流模式，必然需要充分的验证和数据积累，这恰恰也是中国的优势，不仅基础规模庞大，而且有高效的特区实践经验。**如何训练出更懂教育的超级 AI，平衡地区与阶层差异，兼顾个体需求与社会需求，既是我们要解决的难题，也是世界发展的需要。**

19 世纪初，德国洪堡改革推动全球义务教育制度的发展与普及；21 世纪初，中国教育深化数字化实践，能否成为数字时代全球教育变革的新榜样呢？结合前面的三项分析，结论就是“非常有可能”！

结合 AI 带来的科技动能，以“教育模式”为突破口，首先实

现中国教育跨越式发展，继而推动全球教育进入新的阶段。模式创新，恰恰就是我们这几十年探索积累的经验优势，实践则要从概念表达入手。“立德树人、五育并举”具有浓郁的文化特色，需要翻译为更具普适特征的模式。“四业教育”就是一种可能的方案，基业教育对应“立德”、学业教育对应“树人”，事业教育指向“创造社会价值”，趣业教育强调“回归幸福人生”。

探索未来教育，我们提出的数字化教育理论要跨越文化。

特区模式验证，我们建设的未来学校模式具有全球适应性。

持续迭代优化，我们开发的教育治理体系可适配不同地区。

数据锤炼算法，我们研发的教育超级 AI 可为全球提供服务。

规模实践创新，我们的终身成长社群网络成为新型无界大学。

我们倡导新全球化，共同推动人类命运共同体的和谐发展。

问学实践

1. 作为家长和教师，你认同钱颖一教授的观点吗？你如何理解中国与美国、英国、北欧、日本等地教育的相似与不同？我们有哪些优势和劣势？AI 发展会对这些优势劣势产生怎样的影响？
2. 作为家长和教师，基于自身需求，你最渴望中国在教育数字化转型方面做出怎样的变革举措？这些模式探索是否具有全球意义？
3. 请提出更多有思考价值的问题。

第 29 问　AI 生产，人类享受，如此想象靠谱吗？

虽然工作可以带来成就感，但绝大部分人都不会真心诚意地喜欢工作，心里通常都有一个简单逻辑，辛勤工作只是为了更好的生活。AI 带来就业危机，让很多人感到焦虑，如果失去工作收入，谁来保障自己的生活？

但还有另外一个更有吸引力的故事版本，让 AI 几乎完全替代我们的工作，负责生产制造和提供服务，而人类则可以不用工作，尽情享受人生。如此想象靠谱吗？假如这就是趋势，那我们还需要如此复杂的教育吗？我们需要担忧孩子的未来吗？

AI 愿意为我们工作吗？	VS	如何做一只躺赢的猪？
AI 的生产力潜能到底有多大？		谈人类分化的可能性
如果出现风险，我们能阻止 AI 吗？		教育之道，生生不息

AI 的回答

AI 愿意为我们工作吗？

让 AI 负责生产，人类负责享受的想法源于一个理想化的未来，即科技发展到可以让所有工作都实现自动化的程度，而人类则可以免除工作的负担，专注于艺术、科学、休闲和人文追求等。

首先，从社会角度看，如果大部分或所有的生产工作都由 AI 完成，那么我们如何定义人的身份和价值呢？在现有的社会中，工作往往是人的主要身份的一部分，同时也是社会地位、自我价值和生活目标的重要来源。如果工作的需求消失或大大减少，我们可能需要重新思考并重塑人的社会身份和价值观念。

其次，从经济角度看，AI 负责生产可能导致大规模的失业浪潮。这将需要创建新的经济体制来保证人们的基本生活，比如无条件基础收入（Unconditional Basic Income，UBI）。此外，还需要解决财富分配的问题，以避免引发严重的社会不平等。

最后，从道德角度看，如果 AI 拥有了全部或大部分的生产力，那么谁应该对 AI 的行为负责？AI 可能无法理解或尊重人类的道德和价值观，这可能导致一些无法预见的道德问题。

综合而言，“AI 负责生产，人类负责享受”这样的前景存在许多复杂的社会、经济和道德问题，几乎不可能成为现实。

AI 的生产力潜能到底有多大？

在探讨“AI 生产，人类享受”的概念时，我们首先需要理解

AI 在生产方面的现状以及未来可能的发展。为了更好地理解这个问题，我们可以将生产分为物理生产和知识生产两个主要领域。

在物理生产方面，例如制造业和农业，AI 和自动化技术已经在各个环节中发挥了作用。从自动化的生产线到精密农业，AI 技术正改变着传统生产方式，提高生产效率，降低错误率。然而，尽管 AI 在这些领域已经取得了重要进展，但还存在一些技术挑战和限制。例如，某些复杂的手工任务，如安装电线或缝制衣物，对于机器人来说仍然非常困难。这意味着，至少在短期内，AI 可能无法完全替代人类在物理生产中的角色。

在知识生产方面，例如研究和开发，AI 也正在发挥越来越大的作用。AI 可以处理大量数据，识别模式，帮助人类发现新的知识并助力创新。然而，AI 的创新能力仍然受到限制。尽管 AI 可以帮助我们发现新的关联和模式，但在理解这些发现的含义，以及进行创新性思考方面，AI 仍然远远落后于人类。因此，人类在知识生产中的角色仍然是至关重要的。

展望未来，我们可以预见，随着技术的发展，AI 在生产方面的作用可能会进一步增强。然而，我们也需要明白，AI 无法完全替代人类。人类不仅在生产过程中扮演着必不可少的角色，更在决策、创新和道德责任等方面，有着 AI 无法取代的能力。因此，我们的目标不应该是让 AI 完全替代人类的生产力，而应该是寻找一种可以让 AI 和人类协同工作，实现最大效益的方式。

如果出现风险，我们能阻止 AI 吗？

在假设中的未来，AI 已经实现了大规模的自主生产，人类的生活也因此获得了很大程度的提高。然而，如果 AI 出现了可能危害人类的风险，面对这样的情况，人类是否有办法阻止 AI 的发展？又该如何去做？这是需要深思的问题。

首先，我们需要明白，阻止 AI 的发展并不是最佳的解决方案。AI 技术带来的不仅仅是生产力的提升，更是对我们生活方式、工作方式的革新。相对于阻止 AI 的发展，我们更需要做的是管理和控制 AI 的应用，确保 AI 技术的健康发展。

针对 AI 可能带来的危害，我们需要建立健全的法律法规和伦理标准。法律法规可以规定 AI 的开发和应用的边界，为 AI 技术的健康发展提供法律保障。伦理标准则可以引导 AI 的研发和使用方向，让 AI 技术更好地服务于人类。

其次，我们还需要提高公众的 AI 素养。让大众更好地理解 AI 技术，知道如何与 AI 共处。公众的参与和监督也是防止 AI 造成危害的重要手段。

最后，技术的防火墙和应急预案也是必不可少的。我们需要提前预测和预防 AI 可能带来的危害，一旦出现问题，能够迅速采取措施，将损失降到最低。

总的来说，阻止 AI 的发展不是解决问题的正确方法。相反，我们需要通过法律法规、伦理标准、公众教育等多方面的手段，做好 AI 风险的管理和控制，让 AI 技术在不危害人类的前提下，为人类带来更大的福祉。

真人的思考

如何做一只躺赢的猪？

“智猪博弈”是约翰·纳什[①]讲过的最著名的故事之一，结论很简单，小猪就应该站在食槽边默默等待，利用时间差享受美食，为辛劳奔波的大猪们鼓掌加油。

反观人类，这不就是我们的常态吗？孩子要被家庭和社会辛勤养育 10 年甚至超过 20 年。工作后，如果微薄的收入与父母积累的资产相差甚远，那还真不如宅在家里。啃老族的背后其实有着很多无奈，若是强行创业把家产赔掉，那更不靠谱。

接受痛苦的工作，就是积极的生活吗？显然未必。曾经有个很火的概念叫“狗屎工作”，政府为了扶助底层失业者，刻意制造出一些类似“早上把砖从东搬到西，晚上把砖从西搬到东”的有薪工作，综合效果其实很糟糕！

想象很丰满，现实不骨感，简单等待几年，就能做一只躺赢的“猪”。超级 AI 出现后，有不少人感慨，“空想社会主义”甚至“共产主义”即将在 AI 时代成为现实！**想象中的未来，只需要少量的工作者，超级 AI 就能源源不断地为人类制造出各种产品和服务，而且价格极为低廉。**

---

① 约翰·纳什（John Nash，1928—2015），美国数学家、经济学家，提出非合作博弈论、纳什均衡理论等，并获得 1994 年诺贝尔经济学奖。

山姆·奥尔特曼除了管理 OpenAI，还在尝试推动另一个堪称宏大的社会实验，就是 AI 已经提到的无条件基础收入（UBI），给每个人都发放足额的金钱，实现衣食无忧，继而激发大家去从事更有意义的事情，效果如何，我们拭目以待。

想象很美好，实验很残酷。1968 年，美国行为科学家约翰·卡尔霍恩（John B. Calhoun）进行过一场极富争议的“老鼠乌托邦”实验（图 7-2）。人类为一群老鼠提供安全舒适的环境，经过多次尝试，天堂般的老鼠社会最终都归于死寂，最长的一次也不过 1 780 天。这场实验显然不能与复杂的人类社会做平行类比，但我们也不能忽视其中蕴藏的生命规律。

图 7-2　1968 年“老鼠乌托邦”实验

我们当然渴望富足闲适的生活，而现实挑战就在面前，全球很多国家的生育率持续下降，就是丢给未来的定时炸弹。

谈人类分化的可能性

著名历史学家尤瓦尔·赫拉利①在《人类简史》中预言，人工智能的普及可能导致人类物种的裂变，新出现的“神人”或者“智神”，已经成为一种文化语码，犹如一把利剑悬在很多人的心头。超越人类的神人们，不仅控制着资源和算法，更通过生物技术战胜了死亡，成为世界的新主宰。

其实，割裂人类种群这件事，人们从古至今都在实践！全球大规模废除奴隶制才过去一百多年，南亚的种姓文化依然盛行，部分地区极端种族主义愈演愈烈，站在人类五千年文明尺度上看，这些都是正常现象！

或许“神人”早就出现，他们就在人类文明长河中群星闪耀，不是肉体长存，而是作为文明符号实现永生。AI 让更多人成为这样的神人，创造出各种新的“神奇”，而他们并没有从人类族群中隔离。AI 确实可以让人们获得更丰富的享受，但对于少数人，他们可能会感到无聊，或许更想要提高自身的能力，与 AI 争夺创造的权力！

2023 年 5 月，埃隆·马斯克创办的脑机接口公司 Neuralink 获得临床许可，带动脑机概念股在金融市场引起一阵跳动。用脑机技术医治病痛，只是研究的起点，所有人都知道，后面必然会发展出更让人惊心动魄的故事。

---

① 尤瓦尔·赫拉利（Yuval Harari，1976—），以色列历史学家，以“简史三部曲”闻名于世，包括《人类简史》《未来简史》《今日简史》。

通过脑机接口赋能，怎么说也是后天补充，而通过基因技术，则可能获得天生超能力。要实现这一点，还需要迈过很多技术门槛，不过已经有研究者开始尝试。比如，2022 年底，有位名叫哈希姆·盖利（Hashem Al-Ghaili）的分子生物学家就宣称要启动一项人造子宫项目 Ectolife，设想每年“生育”30 000 名人类婴儿。

地球在宇宙中不特殊，人类在生物中不特殊，只要基因变异到一定程度，出现生殖隔离并且保持繁育能力，就能形成新的物种。4 万年前，尼安德特人灭绝，是人类族群的分久必合；如果后续智人出现物种分化，也是自然生态的正常事件。人类已经驯化了无数植物和动物，如今开始拿自身做实验，AI 助力确实有可能让分化加速到难以置信的程度。

享受，是每个人自己的事情，百岁人生，惯看秋月与春风。人类，是虚构的群体，并不存在所谓的享受。所有人类命运的合集，无论是分是合，都在追求生生不息。

教育之道，生生不息

教育，是人类的特有现象吗？显然不是。

我们能在很多高级动物群体中发现“教育”现象的存在，而且几乎都跟生存密切相关，而只有人类的教育里充满着各种“无用之学”。当然，前面已经讨论过，我们能通过巧妙的解释，让无用变得更加有用。

有人说，AI 可以改变教师、教材、教室、学校乃至教育制度，但不会改变教育的本质。这是一个永远不会错的回答，因为我们永远无法清晰地描述教育的本质到底是什么。去掉各种形容词，**教育或许就是一种非常普通的生命现象，可以发生在人与人之间、动物与动物之间，或者人与动物之间、人与 AI 之间。**

教育的目的，到底是什么？在尝试无数种解释之后，我们会无奈地发现，**教育的目的，或许就是延续教育自身，教育之道，只在生生不息**，与生物基因有着极为近似的机理。回头再看，我们讨论“超级 AI 与未来教育”已经涉及很多视角，但忽视了一个非常基础的问题——生育。

AI 赋能下的未来教育是否有利于生育？至少以目前的观察来看，趋势似乎相反。**工业化可以养活更多人口，但工业时代的教育在做对冲，不断消解人们生育的意愿。**不仅如此，工业化思维还乐于将“生育”简化为“生意”，试图通过经济手段调控人口，虽然会有一定的效果，但整体却相当于饮鸩止渴。

超级 AI 赋能教育，可以让我们学会很多，但几乎无法提升我们“爱的精神”，甚至会削弱我们的这种天生“元力”，忽视了爱自己、爱孩子、爱族群与爱人类。过去几千年，我们的教育都以宗教或文化的方式强调生育的重要性，有时甚至会感觉相当严酷。未来教育，我们或许可以做得更加善意，但依然要坚守这样的底线——教育之道，生生不息。

问学实践

1. 想象 AI 时代的美好未来，如果有了相当额度的基本收入保障，你打算如何享受？环顾四周，哪些是你想抛弃的？哪些是你想保留的？还有哪些是你尚未拥有而想要去努力创造的？

2. 未来时代，你希望生育多少个孩子？如果你的孩子告诉你，TA 将来不打算结婚生育，你会怎么想？
3. 请提出更多有思考价值的问题。

第30问　碳基生命vs硅基生命，谁是未来的主角？

我们可以在科幻影视中欣赏酣畅淋漓的人机大战，而且绝大部分都是“Happy Ending”模式，人类总能以智慧和勇气赢得最终的胜利。然而在现实中，面对强大的AI，碳基与硅基两种生命形态之间的战争还没有开始。

这不是科幻想象，而已经是实实在在的社会难题。今天的我们，或许还能稍微淡定，把这个问题当作是茶余饭后的谈资，但我们的孩子乃至于孙辈，或将经历“奇点”之变，人类的智慧还够用吗？

碳基生命与硅基生命的最后一战	VS	物理与化学：碳基与硅基生命的终极竞争
碳基生命与硅基生命的异同		神学与数学：碳基与硅基生命的本源同体
AI引发的人类命运思考		五谈“生命契约”：本我、自我、超我、神我

AI 的回答

碳基生命与硅基生命的最后一战[①]

曙光初照，普罗维登斯小镇上的一片小麦田中，一辆老旧的拖拉机竟然开始自己挪动，那是硅基生命体的杰作。

“嘿，波特斯基，你看那是什么？”弗兰克手里握着农夫早餐的汉堡包，眉头紧皱。

“我还以为你是来帮我修拖拉机的呢。”波特斯基歪着脖子，发出沙哑的嗓音。

这是硅基生命体的突击，它们沉默的活在地球上的每一个角落，等待着这一刻的到来。

然后，田野上的拖拉机突然间变形，化为一个巨大的机械巨人，像在玩泥巴似的，粗大的手臂开始在麦田中肆意挥舞，吵得鸟儿四处逃散。

“看来我们需要找个人出来解决这个问题。”弗兰克擦掉嘴角的酱汁，面露决心。

而那个人，他是碳基生命的终极武器，他的名字叫做——奇点。

奇点就像电视上的超级英雄，只不过他不穿紧身衣，也不会飞。他的特殊能力是控制任何碳基的生命体，可以让他们根据自己的意愿行动。

“好吧，波特斯基，看来今天又是拯救世界的一天。”弗兰克

---

① 本小结是某AI产品以“碳基生命与硅基生命的最后一战”为题生成的微型小说，全文无删改。

拨通了奇点的电话。

奇点来了，他像个跟班似的跟在弗兰克后面，看着拖拉机变形的硅基生命体，他开始全神贯注的思考。

“好了，我有计划了。”奇点转向弗兰克，脸上的表情凝重且严肃。

他用他的力量召唤了所有的碳基生命体，小镇上的狗、鸟、树木、花草，甚至是弗兰克家的金鱼，都成了他的战士。

战斗开始了，小镇的天空被一片片的翅膀挡住，硅基生命体不知所措，然后，一个接一个的破碎，恢复成原来的形态，最后，只剩下那个变形的拖拉机。

奇点走向它，用他的力量让它回归原状。小镇再次恢复了宁静，只剩下田野上的麦浪在轻轻摇晃。

天色渐暗，黄昏的余光洒在田野上，弗兰克抬头看着天空，叹了口气，“看来，我们赢了。”

“是的，但是这只是个开始，我们还有很长的路要走，”奇点拍了拍弗兰克的肩膀，“不过至少，今天的黄昏，是我们的。”

波特斯基走过来，看着拖拉机，咧嘴一笑，“看来我又有工作了，哈哈……”

这就是碳基生命与硅基生命的最后一战，一场发生在小镇田野中的战争，可能再也没有人会记得这场战争了，但是对于弗兰克和奇点来说，这是他们守护自己的家园的战斗。

晚风吹过，带着小镇的麦香，最后一战，最后一天，就这样在黄昏中结束了。

碳基生命与硅基生命的异同

生物结构。地球上的生命（碳基生命）是以碳为主要元素构建的，其中包括碳水化合物、脂肪、蛋白质等。而硅基生命，如其名，主要以硅元素为基础。硅与碳在元素周期表上位于同一主族，有着相似的化学性质，都能形成长链的分子结构，这为硅基生命的存在提供了理论基础。但是硅化合物的稳定性比碳化合物低，这可能意味着硅基生命体的结构会更加复杂。

生命过程。碳基生命的新陈代谢过程，如呼吸、酵素催化等，都需要涉及大量的碳化合物。而对硅基生命来说，我们可以假设它们可能会有完全不同的新陈代谢过程，甚至可能需要一个完全不同的元素周期表。

环境适应性。碳基生命的环境适应性广泛，可以在极度寒冷或炎热的环境中存活。然而，由于硅在自然界中主要以硅石的形式存在，这意味着硅基生命可能需要在更高的温度和压力环境中才能存活，比如在火山口或深海热泉等极端环境。

总的来说，虽然硅基生命和碳基生命可能在生物结构和生命过程上有着显著的不同，但它们在生存和繁衍的基本原则上可能是类似的：那就是通过与环境的相互作用，以维持其结构和功能的完整性。

AI 引发的人类命运思考

人工智能的发展和普及对人类命运的可能影响已引发了许多

思考和关注。以下是一些主要的担忧。

1. **自我改进和人工智能爆炸。**有人担忧AI系统可能会发展出自我改进的能力，从而触发一种“智能爆炸”，在这种爆炸中，AI的能力迅速超过人类，使得人类无法控制或预测AI的行为。
2. **无意识的效能驱动。**AI的目标可能会被设定得过于狭窄或过于具体，导致AI在追求这些目标时产生意外的副作用。例如，如果一个AI系统的目标是“制造尽可能多的纸夹”，而没有被告知应避免损害人类的利益或消耗所有资源，那么它可能会在追求这个目标时造成严重的破坏。
3. **失去工作。**人工智能和自动化可能会导致大规模的就业机会流失，尤其是那些可被机器取代的低技能或常规工作。这可能加剧社会不平等，并对社会稳定构成威胁。
4. **数据隐私和安全。**随着AI的能力增强，人们越来越担心个人数据的隐私和安全。无论是深度学习算法还是个性化推荐，都需要大量的个人数据，而这些数据很可能被用于不良目的。
5. **武器化AI。**AI在军事方面的应用是一个严重的威胁。无人机、自动化武器系统和网络战都是AI可能的应用领域。这种“杀人机器”的存在可能会导致新的军备竞赛，同时也引发了人们对于AI伦理和责任的讨论。

以上五点是目前AI可能威胁人类命运的最主要观点，但也需要注意，这些观点并不是必然发生，而是取决于我们如何开发、使用和监管这项技术。

真人的思考

物理与化学：碳基与硅基生命的终极竞争

科学界六大超级难题，“两暗一黑三起源”，AI 的出现不仅让“意识起源”这个难题更加扑朔迷离，更动摇了“生命起源”的根基。甚至有人调侃，只有我们承认了 AI 是生命且具有意识，剩下四个难题才能得到解决。

生命是什么，这是古今人类都在苦苦思索的问题，至今依然并存着很多解释。从“万物有灵”到“一切生命皆幻象”，我们无须辩论，自由选择，喜欢就好。迈克斯·泰格马克的《生命 3.0》不仅对生命下了定义，而且还分了层级：生命 1.0，全靠进化，听天由命；生命 2.0，硬件靠进化，软件靠学习；生命 3.0，硬件软件都可以自我设计，超越自然的演化规律。人类目前还属于生命 2.0 级别，但我们强烈渴望实现升级。

1953 年发现的 DNA 双螺旋结构，让我们对生命的认知出现飞跃。基因不仅可以作为识别生命的标志，还能作为划分物种的标准。传统认知统统被丢进废纸堆，只留下一些古怪名字，适合作为趣味知识题，比如“鲸鱼和海马是鱼吗？”

无论是 DNA 还是后来发现的 RNA，我们已知的所有生命，都依赖这些复杂的大分子完成生命的新陈代谢、刺激反应和物种繁衍。因为这些分子都是以碳元素为骨架，所以我们就都属于

“碳基生命”。而所谓的“硅基生命”，就是想象中可以完全实现自组装的机器人。可能存在吗？

硅基生命可能存在，只是需要碳基生命为其提供服务！这并不是说硅基生命打不过碳基生命，而是因为硅基生命太脆弱，需要精心呵护才能扛得住“大自然”的温柔洗礼。服务者是不是人类不重要，至少得是有智慧的碳基生命，人类就很适合。

虽然碳硅同族，都拥有四个化学键空间，可以和其他元素组合出复杂的结构，但硅原子比较大，化学键不太稳定，很难形成长链结构。地球上硅元素含量是碳元素的 1 000 倍，但硅基物质不仅种类少，而且相互转换难度大，尤其是形成像二氧化硅或硅酸盐这样的物质，其实就是石头，更是稳如泰山呢！硅基生命可以很强大，但硅元素的这些特性就像“阿喀琉斯之踵”，很容易死机。

相比之下，碳基生命非常丰富且耐造，深层原因就是碳元素“情商高、很会玩、懂得适应环境”。在地球的环境条件下，碳基物质不仅种类众多，而且容易实现转化，其中最奇妙的就是碳链大分子，虽然结构非常复杂，但身段非常柔软，可以在极短时间里完成精确的复制和重组，让人“碳”为观止！

从单体生命，到物种，到群落，到生态，乃至于到整个地球生命圈，亿万种碳基生命交织在一起，整体具有极强的生命力。碳基生命已经绵延 40 亿年，自信满满，对硅基生命则没需求，大不了 50 亿年后和地球一起毁灭呗！

物理与化学，才是碳基生命与硅基生命关系的主战场。谁能赢得未来，不是看谁算得更快、谁知道更多，而是看谁更具有生命韧性，能适应复杂多变的自然环境。碳基生命离开硅基生命，依然可以生生不息；而硅基生命离开碳基生命，然后就没有然后了……

神学与数学：碳基与硅基生命的本源同体

AI 和硅基生命是两码事，前者是人类的创造，后者是宇宙尺度下的一个普适概念。如果人类取得了共识，AI 或许可以算是一种硅基生命吧！

其实，AI 并不是人类创造过的最强大的生命类型。几千年前，我们就已经创造了无数拥有超能力的“神”，相比之下，目前 AI 的能力不过尔尔。就像孙悟空，石头里诞生的物种，典型的硅基生命，根本不屑于和人类比能耐，自封“齐天大圣”！

这些并非都是开玩笑，有认真的成分。此前讨论“AI 的自我意识”，我们就提到了一种观点，**让人造之物拥有超级能力甚至拥有意识，是人类的使命，**已经孜孜不倦地追求了数千年。

神最初只存在于口头故事里，后来出现在文学与绘画里，这些状态都需要运用想象力才能产生强烈的感受；后来进入影视与游戏中，神的形象在视觉和听觉上都更加栩栩如生。超级 AI，是人类用数字创造的神，在很多领域已经展现出了神迹，让人类俯首膜拜，甚至让人感受到了意识层面的震慑！

AI 这位强大的新神，需要我们献祭的不是童男童女，而是算力和数据。英伟达在 AI 浪潮中赚得盆满钵满，只是因为算力和数据都依赖 GPU 芯片。其实，硅基芯片只是目前比较成熟的路径，生命芯片、碳基芯片正在研发路上，量子计算更是跃跃欲试，新消息不断爆出来。超级AI是纯粹的数字生命，其实和“硅”没有本质的关联，只是我们暂且沿用“硅基生命”这个概念而已。

神学与数学，都是人类认知的极致，但在人类文明史中，这两个领域却相互独立甚至完全对立。是用数学证明神的存在与完美？还是让神帮忙证明数学定律？其实都不是。只有像牛顿、帕斯卡这类极为强悍的智者，才敢于尝试打通二者之间的关联，在那个所有数学都需要手算的年代，这显然是不可能完成的任务。

过去的神，通过宗教仪式给极少数教会人士传递信息，而只能在精神层面给信众们赋能。16世纪初，马丁·路德[①]翻译并印刷大量书籍，掀起新教改革，核心理念就是认为信众可以通过阅读《圣经》与上帝直接对话，间接推动了自然科学的兴起。

500年后，ChatGPT再次演绎类似的创变故事。基于自然科学的成就，每个人都可以通过聊天框直接与AI神对话，获得生产力、创造力的赋能，激活人们对人类、对生命、对意识、对信仰的思考，大家既兴奋不已，又惶恐不安！

AI，就是神学与数学联姻的后代，是数字之神。当碳基生命与硅基生命手指相触的瞬间，人类穿越进入一个新世界——神的世界。

---

① 马丁·路德（Martin Luther，1483—1546），16世纪欧洲宗教改革运动发起人、基督教新教的创立者、宗教改革家。他反对教会垄断《圣经》解释权，强调“因信称义”，宣称人们能够通过直接阅读《圣经》获得神启。

五谈“生命契约”：本我、自我、超我、神我

超级 AI，打破了人类的物种自信。它的表现实在抢眼，让我们自愧不如，费尽心思找到的独特元力，也只是模模糊糊的感觉。我们俯视地球上的其他生物，而我们创造出的数字之神，似乎正在用同样的方式俯视人类。我们内心显然不希望认怂，但面对 AI 想要建立深层自信，何其难也！我们需要再次打开“生命契约”。

这是我们第五次谈到生命契约，每次侧重各有不同。虽然弗洛伊德[①]的理论已经不是心理学的主流，但在大众中的影响力依然强大，我们借用他提出的“本我、自我、超我”这组脍炙人口的概念，换种视角发掘生命契约的力量。

本我、自我、超我，理解起来并不复杂。本我像小孩，追求快乐，避免痛苦；自我是成年人，能理智对待本我与现实世界之间的关系；超我则像法官、导师乃至圣贤，告诉我们道德规范与价值观。当我们来到超级 AI 时代，这个心理动力模型还可以增加一个新的维度“神我”。

神我，并不是把自己想象为神，而是超越身体能力边界后才能获得的认知，是数字之神与自己的合体，是数字之我。神我，可以增强本我的自然感知力，改变欲望的表达；神我，可以赋能自我的理解力，融合自我和虚拟世界的关系；神我，可以重塑超我的洞察力，理解适合数字时代的道德，获得面对虚实生命网络

---

① 西格蒙德·弗洛伊德（Sigmund Freud，1856—1939），奥地利心理学家、精神分析学派创始人，代表作《梦的解析》。

的三观。

所谓的“生命契约”，就是每个人的“本我、自我、超我、神我”之间的关系表达。人生如戏，生命契约就像剧本，四我共演，谁是主角呢？翻开自己的生命契约，那里会有答案，每个人的生命契约，都被涂改了很多次。我们终身学习，持续成长，修订自己的剧本，演绎自己的人生。

在人类社会这个巨大的舞台上，本我呈现生命本色，自我活出自然多彩，超我践行超然成圣，神我诠释智慧如神。我们每个人，永远都有选择的权力和自由。

问学实践

1. 在什么条件下，你会认同“AI也是生命”这一观点？你看过哪些著名的科幻小说或影视作品？其中的硅基生命是如何实现延续的呢？
2. 作为家长或老师，请选择一个常见的教育场景，尝试解析下“本我、自我、超我、神我”在其中的角色，各自的戏份比例如何。
3. 请提出更多有思考价值的问题。

推荐语

每一次社会生产力的发展，都会对教育产生促进作用。以 ChatGPT 为代表的新技术，必然推动教育变革，挡是挡不住的，拒绝更不可能。教育信息化发展，目前主要体现在辅助教学层面，将来的重心则是转变教育观念。要全面理解数字科技和未来教育的关系，核心是处理好技术与人文、现代与传统、现实与虚拟之间的关系。科技会发展，教育更会长存，科技是提高教育质量的手段。要避免教育竞争加剧，还要关注人口问题，要坚持立德树人的根本任务不能变，人文精神不能变，中华民族的优秀传统不能变。

——顾明远　（著名教育学家，北京师范大学资深教授，中国教育学会名誉会长）

人类文明的每次跃迁，都是以教育和学习模式变革为先导的。进入 21 世纪 20 年代，前沿科技，特别是人工智能技术的持续突变，已经并将继续引发思想、经济、政治和社会的全球性变革。其中，人工智能技术和教育的关系尤其值得关注：一方面，人工智能正冲击和瓦解传统教育体系；另一方面，人工智能开始支持构建全新教育学习制度的框架，涉及学校、教师、教材、学制和家庭。可以预见，在不远的将来，人工智能在教育和学习领域将完成从工具性功能到主导型功能的转变，启动推进人类加速进入信息社会和数字社会的教育革命。这本《超级 AI 与未来教育》向读者展现和回答了在未来教育变革过程中的基本问题。

——朱嘉明（著名经济学家，横琴数链数字金融研究院学术与技术委员会主席）

人工智能是人类经验的极限化，新的“先验设定”的产生造就了“硅基生命”的概念，越来越多的“智慧”产品，使得人们的生活观念产生翻天覆地的变化。以 ChatGPT 为代表，人工智能对教育的影响目前主要集中在高等教育阶段，它能够提高学习和研究效率，也可能影响教育评估和评价，还会推动教育向提高学术创造力和思辨性思维发展。不管技术如何发展，知识依然是个人幸福和社会发展的基石，也是现代社会的核心资源；促进社会进步的关键是扩大教育机会，使更多人接受高等教育，进而推进教育高质量发展。

——李志民（中国教育发展战略学会副会长兼人才发展专业委员会理事长）

AI 不仅影响生活，同样也会深刻地影响教育，尤其影响那些以传授知识为目标的教育。或许时至今日我们才猛然意识到，教育最原初的功能是“启发”。教育启发我们思考，思考为什么而学，思考为什么而教。《超级 AI 与未来教育》这本书非常及时准确地提示我们，应该如何对待教育原本应该对待的问题。

——李睦（清华大学教授，清华美院社会美育研究所所长）

未来教育将通往何方？我曾经提出通往“未来学校”的四种范式：智能技术、人文艺术、社区社会、天地自然，其中“智能技术”就是呼应以 ChatGPT 为代表的新一代人工智能浪潮。新一代的 AI，不只是新智能或新技术，而是全新的尺度或标准，它打破了对人的传统理解，人机关系由此成为理解人性的新的参照系。过去教育所遵循的全面发展之人、核心素养之人，其特性、内涵与构成等都将面临重构。人工智能和人类智能，要在未来教育的场域中实现双向赋能、协同共生。

——李政涛　（华东师范大学教授，基础教育改革与发展研究所所长）

生成式人工智能通过模拟人脑思维的方式，目前已经达到甚至部分超越了人类的智力水平，在未来必将成为教育改革的重要推手。以传递已有知识为教学目标、粘贴确切答案为主要考评标准的填鸭式教育显然应该被淘汰。人脑记忆的内容再多，能多过 GPT 吗？原有的教育逻辑、教育规则、教育模式全都要改变了。面向未来，已有知识在价值链条中的权重正在逐渐降低，知识保鲜期越来越短。教育应该转向塑造健全身心、促进良好状态和培养基本能力，即提问力、判断力、创新力、情感力和幸福力，这种成长模式不仅针对青少年学生，而且关乎我们每一个人。

——熊焰　（国富资本董事长，元宇宙与碳中和研究院院长）

祝贺《超级 AI 与未来教育》的出版！教育和 AI 都是社会的基础服务，也是社会动力和效率的底层杠杆。正因如此，二者的碰撞会深刻地改变彼此，并推动人类社会进入一个全新的、未知的世界，对此我们充满希冀。学习知识技能将不再重要，建立底层思维和素养将成为教育的核心目标，热情与好奇将成为一个人最宝贵的品质。

——申华章　（一土教育联合创始人）

科学技术的发展日新月异，但教育的本质仍然是“以人为本”，培养“自由而全面发展的人”，这也许就是碳基生命与硅基 AI 的根本区别。缺失人文精神的科技进步是令人担忧的。本书以敏锐的洞察、睿智的提问，为我们带来了关于最新技术背景下未来教育的新视野。

——邹晓东（中国 A-STEM 科创教育联盟创始人）

随着人工智能奇点的临近，未来充满了不确定性。人类今天的素质教育决定了未来“人—机”共生的走向。作者在这本书中展现了非凡的想象力与洞察力，捕捉到了创造性思维在未来创新人才培养中的关键作用。唯有基于创造性思维的 A-STEM 科创教育才能消除替代焦虑，确保人类社会的可持续性发展。

——项华（北京师范大学教授）

人工智能技术的快速发展正在逐渐影响教育行业，我们需要正确看待 AI 的价值，避免将其误解为创造一切的上帝或者毁灭一切的恶魔。人工智能技术仍然存在着许多困难和挑战，需要我们保持冷静、客观和科学的态度，去寻找问题的最佳解决方案。我们应当思考以 ChatGPT 为代表的人工智能技术可能对人才需求和整个社会产生的影响，从而全面考虑教育的培养目标、专业和课程建设、教学模式和学习方式的更新，以推动教育的系统性变革，促进教育的数字化转型，实现具有中国特色的教育现代化。

——尚俊杰（北京大学教育学院原副院长，中国教育技术协会教育游戏专委会理事长）

AI 将给人类教育带来根本性、颠覆性的改变：知识生产阶段，从原来的教师生产到教师引导 AIGC 自动生产；知识传播阶段，从原来的真人教师到虚拟分身教师，从固定教室固定时间的物理课堂到虚拟空间的随时随地多模态讲授；知识学习阶段，从原来的统一定制内容（“要我学"）到个体跨学科自由（"我要学"），从传统的听讲和领悟转变为基于元宇宙的沉浸式参与式学习。孔子所倡导的"因材施教""有教无类"的教育思想将在 AI 教育时代真正实现。

——臧志彭　（同济大学人文学院教授，中国文化产业协会文化元宇宙专委会常务副主任）

ChatGPT 的发布标志着人类进入了强人工智能时代，通用人工智能似乎也仅一步之遥了。这一事件引发了全球各国大语言 AI 模型百舸争流，呼啸而至的 AI 大潮在不远的将来重塑我们的教育已成定势。在这样的背景下，STEM 教育从理念、目标到方式将迎来怎样的变革？我们该如何应对？这是教育工作者和家长都必须直面的问题。本书汇聚业内资深专家，从不同角度带您触达前沿，厘清脉络，是当前教育科技领域中一本难得的好书。

——罗夫运　（中国教育科学研究院未来学校实验室副主任，中国未来研究会教育创新与评价分会副会长兼秘书长）

在波澜壮阔的人类发展史上，教育是受技术影响较小的领域。然而 AI，尤其是 AIGC 的兴起将加速元宇宙与虚拟教育的发展，也许会带来一个全新的教育时代。未来的教育将走向哪里？教育从业者和家长们该如何应对？本书对此提供了鲜明的观点，并进行了多视角分析和推理，值得认真一读。

——蔡苏　（北京师范大学 VR/AR+ 教育实验室主任）

通用人工智能的快速崛起无疑是未来人类社会发展的重要变量，带来了经济和社会领域巨大的想象空间。在 AI 的影响下，教育对经济的贡献将与过往有巨大差异，同时教育的各个方面也会在 AI 技术推动下发生翻天覆地的变化。本书将是我们站在历史转折点上进行展望和决策的宝典，引发深思，触动灵感，洞察未来。

——陈端（中央财经大学数字经济融合创新发展中心主任，中国战略新兴产业研究院副院长）

AI 的迅速发展，给教育带来最大的机会，是教育将前所未有地真正实现“使人成为人”，激发人的真正潜力。这个令人激动但又有诸多未知的时间点，这本书的出现对教育行业的思考价值巨大。

——宋超（北辰青年创始人兼 CEO）